# 高压直流电缆附件绝缘

杜伯学　李忠磊　李　进　韩　涛　著

科学出版社

北　京

# 内 容 简 介

　　高压直流电缆附件是直流电缆系统中的关键连接环节,也是输电系统的薄弱环节和出现故障的典型部位。本书在论述直流电缆附件绝缘的空间及界面电荷演变规律的基础上,讨论表层分子结构调控、非线性无机颗粒填充和纳米掺杂三种方法对直流电缆附件绝缘材料介电特性、电荷输运及陷阱特性的影响规律,并探索电、磁、热场对电缆附件绝缘电树枝破坏过程的影响规律及机理。

　　本书可作为高等院校、科研院所从事电气工程相关专业科研人员的技术参考书,也可作为高电压与绝缘技术专业研究生学习高压直流电缆及其附件绝缘技术的教材或参考书,还可作为从事高压直流电缆相关专业的工程技术人员的技术参考书。

**图书在版编目(CIP)数据**

高压直流电缆附件绝缘/杜伯学等著. —北京:科学出版社,2020.3
ISBN 978-7-03-064597-5

Ⅰ.①高… Ⅱ.①杜… Ⅲ.①高压直流发生器-绝缘-电力电缆-研究
Ⅳ.①TM833②TM247

中国版本图书馆 CIP 数据核字(2020)第 037027 号

责任编辑:牛宇锋 罗 娟/责任校对:王萌萌
责任印制:吴兆东/封面设计:蓝正设计

*科学出版社*出版
北京东黄城根北街 16 号
邮政编码:100717
http://www.sciencep.com
**北京九州迅驰传媒文化有限公司** 印刷
科学出版社发行 各地新华书店经销
\*
2020 年 3 月第 一 版 开本:720×1000 1/16
2024 年 1 月第三次印刷 印张:14 1/2
字数:278 000
**定价:118.00元**
(如有印装质量问题,我社负责调换)

# 前　　言

　　高压柔性直流输电是目前解决远距离大容量输电和新能源规模化利用的大电网互联下的主流技术。高压直流电缆作为直流输电系统的关键装备,具有长距离、大容量、低损耗等优势,对于保障电力安全及可持续发展具有重要的工程和战略意义。高压直流电缆附件是直流电缆系统中的关键连接环节,也是输电系统的薄弱环节和出现故障的典型部位。高压直流电缆附件绝缘面临的关键问题在于多层绝缘介质的空间和界面电荷积聚及其所引发的电树枝老化、破坏问题。本书旨在探讨高压直流电缆附件空间及界面电荷的演变规律与电树枝老化、破坏机理,并提出有效调控手段,以期为高压直流电缆附件绝缘材料和设计提供实验与理论支持。

　　高压直流电缆附件主要包括中间接头及终端,用以连接电缆与输配电线路及相关配电装置,保证电缆长度延长及终端连接。据统计,在交流电缆故障中,附件制造、安装质量问题或绝缘老化等原因引发的故障占电缆运行故障总数的 60% 以上。目前我国电缆附件生产设计水平尚不成熟,220kV 以上电缆附件产品被ABB、Prysmian 等国外厂家垄断。直流电缆附件与交流电缆附件的最大区别在于:①直流电场与热场下的绝缘材料电导特性及其对电场分布的影响;②空间与界面电荷注入和积聚问题。电场分布不均与空间电荷/界面电荷积聚会加速绝缘材料的老化及破坏过程,诱发局部放电和电树枝破坏过程,威胁高压直流电缆附件的安全稳定运行。如何找到一种有效调控直流电缆附件绝缘电导与空间电荷、界面电荷特性的方法,提高直流电缆绝缘的可靠性,是我国电缆工业亟待解决的问题。

　　本书以上述问题为出发点,探讨直流电缆附件绝缘空间及界面电荷特性与电树枝生长、击穿特性;利用表层分子结构调控、非线性无机颗粒填充和纳米掺杂三种方法对直流电缆附件绝缘材料进行改性,论述不同改性方法对硅橡胶和三元乙丙橡胶复合材料介电特性、电荷输运及陷阱特性的影响规律;探讨电、磁、热场对电缆附件绝缘电树枝破坏过程的影响规律及机理。

　　本书总结天津大学高电压与绝缘技术实验室在高压直流电缆附件绝缘方面的工作积累,是本实验室研究团队共同努力的结晶。本书共 9 章,杜伯学负责全书统稿和第 1、6、7 章的撰写,李忠磊负责第 3、4 章的撰写,李进负责第 2、5 章的撰写,韩涛负责第 8、9 章的撰写,博士研究生杨卓然、苏金刚、朱闻博等参与本书部分章节的撰写和材料的补充工作。

　　本书相关的研究工作得到国家重点基础研究发展计划（973 计划）"大容量直流电缆输电和管道输电关键基础研究（2014CB239500）"的资助，在此表示感谢。

杜伯学

2020 年 1 月

# 目　　录

# 第1章 绪 论

高压柔性直流输电是目前解决远距离大容量输电和新能源规模化利用的大电网互联下的主流技术。高压直流电缆作为直流输电系统的关键装备,具有长距离、大容量、低损耗等优势,对于保障电力安全及可持续发展具有重要的工程和战略意义。高压直流电缆附件是电缆系统中的关键连接环节,因结构复杂、多应力等共同作用,而成为输电系统的薄弱环节和出现故障的典型部位。空间及界面电荷积聚和电树枝老化、破坏问题是直流输电系统面临的主要问题,也是对高压直流电缆附件绝缘系统稳定运行的严峻考验。因此,本书旨在研究高压直流电缆附件空间及界面电荷与电树枝老化、破坏变化规律并提出有效的调控手段,以期为高压直流电缆输电的发展提供材料、实验和理论支持。

## 1.1 高压直流电缆输电

### 1.1.1 高压直流输电工程发展现状

电力作为一种清洁高效能源,在保障国计民生稳定发展的过程中扮演重要的角色。预计 2020 年中国用电量将达到 6.8 万亿~7.2 万亿 kW·h。巨大的电力需求要求电力工业加快转型,亟须推进能源生产、输送、技术和体制改革,并全方位加强国际合作,建设坚强智能电网,消纳清洁能源,推动全球能源互联。

电力能源需求高速增长对我国电力系统建设提出新的挑战。一是我国能源基地与负荷中心呈现极不均衡的分布,需要我国建设特高压、远距离、大容量、低损耗的电能输送通道[1,2]。二是传统化学能源日渐匮乏,未来电力能源绝不能仅依赖传统能源,需要对能源结构进行战略性调整,大规模开发和利用绿色可再生能源[3,4]。但是,目前大量的风能和太阳能资源因受限于传统电力系统的消纳能力而未得到充分利用。高压直流电缆输电可以有效地解决电力能源大规模远距离传输和新能源消纳两个重要问题[3-5]。与交流电力系统相比,高压直流输电系统具有线路成本低、无须无功补偿、电力联网方便等优点,很好地解决了风能、太阳能等新能源发电系统与交流主干网的互联问题。同时,直流电力电缆输电线路无须占用地上输电走廊,设计施工更加环保,可以更好地解决跨江、河、旅游景区以及特大城市等特殊地区的输电走廊问题。另外,高压直流电缆输电还能够满足我国海上平台与海上孤岛的输送电需求。高压直流电缆输电已经成为世界各国以及各大电力设备企业重点研究和发展的方向。

自 20 世纪 50 年代开始,世界各国开始对高压直流输电技术进行探索。1972年,随着当时晶闸管技术的快速发展,世界首条采用晶闸管换流的直流工程在加拿大建成[6]。我国自 20 世纪 80 年代开始大力开展超特高压直流输电关键技术研究[7],并取得了一系列成果。1990 年,我国第一条 ±500kV 葛洲坝-上海高压直流输电线路建成[8]。随后,我国又建成并投运多条 ±800kV 特高压直流输电线路[9],其中包括目前世界上投运容量最大的特高压输电工程——哈郑直流输电工程(8000MW)[10]。随着电力电子器件的快速发展,基于电压源换流器的直流输电技术逐步成熟,直流输电具有更为理想的控制和运行特性,进一步推动了直流输电技术的发展。1997 年,ABB 公司完成了首条商业化运行的基于电压源换流器直流(voltage sourced converter high voltage direct current, VSC-HVDC)输电工程——赫尔斯杨工程[11]。

### 1.1.2　高压直流电缆输电工程

截至 2014 年,世界各国已建成并投运百余项直流输电工程,其中以高压直流电缆作为输电线路的项目已经达到数十项[12]。我国于 2013 年在广东省南澳县建成并投运电压等级 ±160kV、输电容量 200MW 的三端柔性直流输电系统,其中包括 10.7km 的直流海底电缆线路[13]。2014 年,我国浙江省舟山市建成一项多端柔性直流输电工程,电压等级为 ±200kV,输电容量达到 400MW,输电线路全部采用直流电缆,线路总长度达到 141km[14]。2015 年底,福建省厦门市建成并投运我国电压等级最高、输送容量最大的直流输电工程,运行电压等级为 ±320kV,输电容量达到 1000MW,输电线路总长 10.7km,全部采用 1800mm² 大截面绝缘直流电缆敷设[15]。截至 2016 年,世界上投运的高压直流电缆输电工程如表 1-1 所示。

表 1-1　截至 2016 年投运的高压直流电缆输电工程

| 工程名称(国家) | 输送功率 /MW | 电压等级 /kV | 线路长度 /km | 投运时间 | 应用领域 |
|---|---|---|---|---|---|
| Gotland(瑞典) | 50 | ±80 | 140 | 1998 年 | 海岛互联 |
| Murraylink(澳大利亚) | 200 | ±150 | 360 | 2002 年 | 电力交易 |
| Troll A(挪威) | 80 | ±60 | 284 | 2004 年 | 钻井平台供电 |
| Estlink(芬兰-爱沙尼亚) | 350 | ±150 | 212 | 2006 年 | 异步电网互联 |
| BorWin1(德国) | 400 | ±150 | 421 | 2009 年 | 海上风电 |
| Trans-Bay(美国) | 400 | ±200 | 85 | 2010 年 | 城市供电 |
| Valhall(挪威) | 78 | ±150 | 292 | 2011 年 | 海上平台供电 |
| Hokkaido-Honschu3(日本) | 600 | ±250 | 44 | 2011 年 | 区域电网互联 |

续表

| 工程名称(国家) | 输送功率/MW | 电压等级/kV | 线路长度/km | 投运时间 | 应用领域 |
|---|---|---|---|---|---|
| East West(英国) | 500 | ±200 | 524 | 2012年 | 电力交易 |
| DolWin1(德国) | 800 | ±320 | 357 | 2013年 | 海上风电 |
| HelWin1(德国) | 576 | ±250 | 130 | 2013年 | 海上风电 |
| 南澳柔直工程(中国) | 200 | ±160 | 37 | 2013年 | 风电并网 |
| 舟山柔直工程(中国) | 400 | ±200 | 141 | 2014年 | 海岛并联 |
| DolWin2(德国) | 864 | ±320 | 282 | 2015年 | 海上风电并网 |
| 厦门柔直工程(中国) | 1000 | ±320 | 10.7 | 2015年 | 城市供电 |
| Nordlink(德国-挪威) | 1400 | ±525 | 570 | 在建 | 国家电网互联 |

## 1.2 高压直流电缆系统

### 1.2.1 高压直流电缆本体

高压直流电缆采用与交流电缆相类似的三层共挤技术,将内屏蔽层、绝缘层、外屏蔽层三层同时挤压成为电缆绝缘,同时还包括导体、铠装和外护套,其结构如图1-1所示。目前挤出式高压直流电缆绝缘采用的主要是低密度聚乙烯(low density polyethylene,LDPE)、高密度聚乙烯(high density polyethylene,HDPE)、交联聚乙烯(cross linked polyethylene,XLPE)、乙丙橡胶(ethylene propylene rubber,EPR)和新型环保型聚丙烯(polypropylene,PP)材料。1988年北欧化工公司(Borealis)基于化学改性方法研制出高纯度高压直流电缆用XLPE绝缘料,长期工作温度可达到70℃,ABB公司利用这款XLPE绝缘料为瑞典制造并投运了世界上首条挤包绝缘80kV直流电缆线路;2014年,北欧化工公司又推出了新一代高压直流电缆绝缘料及半导电屏蔽料,ABB公司利用此款XLPE绝缘料成功开发出电压等级达到±525kV的直流电缆系统,据报道,该产品已于2015年通过了型式试验[16];美国陶氏化学(DOW)公司也开展了大量直流电缆XLPE绝缘料的研制工作,2012年该公司推出了利用纳米材料改性XLPE绝缘料,将绝缘料长期工作温度提升至90℃;此外,法国Nexans公司生产的500kV PE绝缘直流电缆和Sagem公司生产的400kV PE绝缘直流电缆、意大利Presmian公司研制的600kV XLPE绝缘直流电缆、日本Viscas公司研制的500kV纳米改性XLPE绝缘直流电缆也在不断刷新高压直流电缆的输电等级和容量;国内,中天科技研制了320kV XLPE电缆并通过了技术鉴定。但PP绝缘电缆的应用尚处于实验研究阶段,一般利用聚烯烃弹性体、乙烯丙烯共聚物等改善 PP 电缆料的力学性能。目前研究发现,混合弹性体等可有效改善 PP 的低温脆性,同时也能保证相当的电气性能[17,18]。

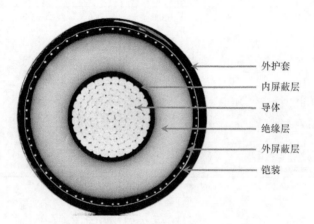

图 1-1　挤出式高压直流电缆结构示意图

### 1.2.2　高压直流电缆附件

直流电流绝缘料与屏蔽料的电气、热学、力学等性能的改进不断提升直流电缆的电压等级和输送功率。同时,随着高压直流电缆敷设距离的不断增长,对电缆附件的需求也在不断扩大。高压直流电缆附件系统主要包括中间接头和终端。中间接头用于长距离线路输电工程中各段电缆的连接;终端用于连接电缆与电网中的其他输变电设备。高压及超高压电缆附件具有自身独有的结构特点,按绝缘结构区分主要有预制接头、挤塑模塑接头以及预制部件组装或现场浇注橡胶接头等[19]。预制式附件在各国已经运行的陆上高压直流 XLPE 电缆线路得到广泛使用。图 1-2 为典型预制式高压直流电缆接头结构示意图。电缆接头由应力锥、附件绝缘、电缆绝缘、导体连接器、导体和外护套等组成,结构比较复杂,但是具有安装时间短、性能稳定等优势。

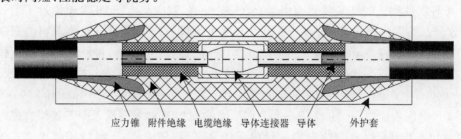

图 1-2　预制式高压直流电缆接头结构示意图

1. 高压直流电缆附件绝缘材料

在电缆附件材料方面，绝缘材料主要有三元乙丙橡胶（ethylene propylene diene monomer，EPDM）和硅橡胶（silicone rubber，SiR）两类。

EPDM 广泛用作高压直流电缆附件绝缘的基体，具有介电损耗低、耐局部放电和抗分子间电离特性等优点。EPDM 复合绝缘材料的运行可靠性高，应急和短路时电缆的结构稳定，具有耐热、耐水树枝、耐电晕等优势[20]。目前，EPDM 绝缘电缆已经普遍用于矿用电缆、核电站用电缆和船用电缆等的绝缘或屏蔽料中，其使用寿命为其他橡胶的十倍左右[21-24]，同时在超高压引线和接线方面是其他橡胶所不能代替的[25]。EPDM 用于电缆附件绝缘起步较晚，预制式电缆附件于 20 世纪 80 年代才在欧洲得以应用。整体预制式电缆附件在注塑成型后依靠其自身弹性压紧在电缆末端或接头处绝缘上，这就需要附件绝缘具有很高的柔软度以及良好的回弹性能[26,27]。EPDM 比较理想地满足了这一要求，同时随着橡胶加工技术的迅猛发展，EPDM 用于高压直流电缆附件的可靠性也在不断提高。

硅橡胶具有优异的耐高低温、憎水性迁移[28]和电气绝缘性能[29,30]。硅橡胶预制附件具有硬度低、断裂伸长率和回弹性高、现场安装快捷方便等特点[31,32]，在力学性能方面远远优于 EPDM。目前，高温硫化硅橡胶和乙丙橡胶都是电缆附件最常用的绝缘材料。

未交联的硅橡胶（也称生胶）分子的主链是由 Si—O 键构成的，侧基主要为甲基，一些侧基也可以被乙烯基、苯基或氟等基团或原子取代。聚二甲基硅氧烷（polydimethylsiloxane，PDMS）作为最简单的硅橡胶材料[33]，其分子结构式为

$$\left[\begin{array}{c} CH_3 \\ | \\ Si-O \\ | \\ CH_3 \end{array}\right]_n$$

硅橡胶主链上的 Si—O 键能为 466kJ/mol，比通常高分子材料主链的 C—C 键和 C—O 键的键能（348kJ/mol 和 326kJ/mol）高很多[34]，使得硅橡胶生胶分子的耐热性明显优于有机材料[35]。同时，其耐低温性能也非常优异，在较低的温度下能保持高弹性[36]。这使得硅橡胶具有 $-50\sim+250$℃的使用温度范围。除了主链上的 Si—O 键，侧基上有机基团的 Si—C 键和 C—H 键也可以影响硅橡胶的物理、化学性质。硅橡胶分子中的甲基基团（—$CH_3$）向外排列，使得硅橡胶具有优异的憎水性。同时，小分子基团的迁移性使得硅橡胶在表面憎水性发生破坏后可以逐渐恢复。

硅橡胶生胶并不能直接使用，必须通过加入补强填料和其他添加剂并经过交联后才能获得能够实际应用的硅橡胶复合材料，其原理与将低密度聚乙烯交联形

成具有三维结构的交联聚乙烯类似。目前常用的有双二五硫化剂,即过氧化型硫化剂。硅橡胶的分子结构使得其分子间的引力非常低,如对硅橡胶生胶直接硫化,所得到的材料抗拉强度极低,完全无法满足实际应用的需求。必须通过在硅橡胶中添加补强填料来提高其力学性能[37,38]。硅橡胶最常见的补强填料为 $SiO_2$ 粒子,其补强机理是将 $SiO_2$ 粒子分散在硅橡胶分子之间,使其与硅橡胶生胶分子间形成较强的分子力作用,从而提高硅橡胶整体的力学性能。

EPDM 所表现出的各种优异性能是由其分子链化学结构特性决定的。二元乙丙橡胶(ethylene propylene monomer,EPM)是乙烯和丙烯的共聚物,其分子链是一种完全饱和的直链型结构,但是只能以过氧化物或者辐照硫化,用途受限。而EPDM 分子主链结构与 EPM 完全一样也是饱和的,只是通过乙烯丙烯聚合过程添加第三单体使其分子侧链上接入不饱和双键,这样不仅保持了 EPM 的优良特性,而且提高了硫化速率并降低了成本。其中乙叉降冰片烯三元乙丙橡胶(ENB-EPDM)和双环戊二烯三元乙丙橡胶(DCPD-EPDM)应用较为广泛,下面的反应式介绍了包括 EPM 和典型 EPDM 的聚合过程:

(a) EPM

(b) ENB-EPDM

(c) DCPD-EPDM

### 2. 高压直流电缆附件发展现状

虽然近年来我国直流电缆输电系统的设计与建设走在了世界前列,但是目前我国所使用的高压直流电缆及其附件仍然依赖进口。目前,世界范围内具有高压直流电缆及其附件生产能力的厂家主要是瑞士 ABB、法国 Nexans、意大利 Prysmian、日本 Viscas 等公司。其中 ABB 公司的产品使用最为广泛,且具有生产525kV 高压直流电缆系统(包括陆缆和海缆)的能力。法国 Nexans 公司和日本Viscas 公司也具有生产最高电压为 500kV 的高压直流电缆的能力,但未见其产品投入工程使用的报道。目前制约高压直流电缆电压等级及输送功率进一步提高的瓶颈是高压直流电缆及其附件绝缘问题。

　　与交流电缆相比,直流电缆及其附件的研究起步较晚,其设计、生产和性能评价技术均滞后于交流电缆及其附件,简单地将交流电缆的设计方案和绝缘材料的制造工艺照搬到直流电缆及其附件的设计和制造中是不可行的。日本曾在 20 世纪 70 年代尝试将 XLPE 绝缘电缆应用在 ±250kV 的直流输电线路上,但试运行期间频繁发生击穿而放弃使用 XLPE 电缆[39,40]。分析认为,直流电缆线路频繁故障击穿最根本的原因就是绝缘材料的空间电荷问题[41,42]。在直流电缆输电线路中,绝缘介质在直流电场的长时间作用下,电荷会由电极向绝缘介质内部注入,并在绝缘内部及界面处积聚[43,44]。一方面,空间电荷的积聚会造成绝缘介质产生局部高场强,进而引发局部放电,导致聚合物分子键断裂和自由基形成,加速介质老化过程,影响绝缘材料的介电强度[45];另一方面,随着其介电强度的下降,空间电荷诱发形成放电通道,在固体绝缘材料内极易引发电树枝放电而导致绝缘材料击穿,导致运行事故发生[46]。电缆及附件绝缘介质除长期承受恒定直流电场外,还要面临柔性输电过程中的极性反转问题,进一步加剧绝缘介质的空间电荷问题[47]。

　　高压直流电缆附件用以连接电缆与输配电线路及相关配电装置,是高压直流输电线路的重要组成部分[48]。电力电缆附件为多层固体复合介质绝缘结构,相对于传统的交流电缆附件,直流电缆附件内部的电气、机械问题更为复杂,特别是空间电荷问题。这是由于直流电缆附件内部的电场分布完全不同于交流电缆附件。交流电缆附件内部电场分布取决于多层绝缘介质的介电常数,其受电场与温度场影响不大;而直流电缆附件中电场分布取决于多层绝缘介质的直流电导率,而电导率又是电场与温度场的函数,从而导致直流电缆附件内部电场分布比交流情况下更为复杂,电缆附件内部极易形成局部高场强[49,50]。这在一定程度上加剧了电缆附件绝缘介质内部及界面的空间电荷注入和积聚问题。同时,空间电荷积聚会加剧电场畸变,影响电缆附件绝缘的老化、局部放电以及击穿性能,这使得直流电缆附件成为直流电缆系统中的绝缘薄弱环节和出现故障的典型部位[51,52]。

　　目前,我国直流电缆附件绝缘材料的生产设计很不成熟,高压直流电缆附件产品被 ABB 公司等国外厂家垄断。高压直流电缆附件设计与制造已经成为我国直流电缆输电系统发展中亟待解决的重大问题,而这个问题的瓶颈就是电缆附件绝缘的空间及界面电荷问题。如何改善直流电缆附件绝缘材料的介电性能以及空间电荷特性,已经成为我国电缆工业发展的重要研究课题。

## 1.3　高压直流电缆附件绝缘空间电荷研究

　　固体电介质空间电荷的定义为宏观固体物质内部一个或多个相同结构单元正负电荷不能相互抵消的多余电荷[53]。早在 20 世纪初,国外学者就开始研究空间电荷问题。1911 年和 1913 年,Child[54] 和 Langmuir 等[55] 发表了关于空间电荷的学术论文,而受限于当时空间电荷的测量技术,空间电荷研究进展较为缓慢。直到

20 世纪 70 年代之后,空间电荷问题越来越受到各国学者的关注,空间电荷研究得到迅速发展,这与空间电荷测量技术的快速发展密不可分[56]。70 年代开始,研究人员成功利用热刺激方法测量电介质的空间电荷,通过对试样施加热刺激并测量试样表面电位、外电路感应的电流、光发射等相关物理量,并根据测量对象不同分为热刺激表面电位法、热刺激电流法、热致发光法等。进入 80 年代后,研究人员发现了多种空间电荷的无损测量方法,包括压电诱导压力波扩展法、激光诱导压力波法、电声脉冲法等。电声脉冲(pulsed electro-acoustic,PEA)法由 Takada 等于 80 年代发明并在 90 年代逐步发展成熟,是目前应用最为广泛的空间电荷测量方法之一[57,58]。PEA 法通过对电介质施加高压脉冲引发空间电荷产生声脉冲,其在电介质内部传播并被电极背部的压电传感器所采集,从而获得空间电荷分布信息。

目前,空间电荷的抑制方法主要包括电介质本体改性与电极/电介质界面改性两大类。前者最具代表性的就是目前的一个研究热点——纳米复合材料[59,60],大量研究表明,纳米复合技术可以有效抑制空间电荷积聚[61,62],同时提高绝缘材料的力学、热学等性能[63]。电极/电介质界面改性是另一种常用于改善电介质空间电荷的方法,其原理是通过在电介质表面增加一个电荷阻挡层来抑制电荷的注入过程[64,65]。例如,Hori 等[66]在 LDPE 试样与电极之间增加一层聚全氟乙丙烯薄膜,实验结果表明,薄膜可以起到阻挡电荷的作用,明显地抑制 LDPE 试样内的电荷注入。

### 1.3.1　硅橡胶空间电荷特性及其调控方法

橡胶预制型高压直流电缆附件包括中间接头与电缆终端等。硅橡胶复合绝缘在直流电场长期作用下容易产生空间电荷积聚,引起局部电场畸变并加速绝缘老化与破坏过程。另外,实际应用的硅橡胶材料中添加了大量的补强填料、结构控制剂、交联剂等添加剂,导致硅橡胶基体中引入大量极性或强极性基团,使其空间电荷积聚问题更为突出,由此带来的电场畸变与绝缘老化问题将严重威胁电缆附件的长期稳定运行。国内外学者开展了大量硅橡胶空间电荷及其调控方法的研究。

王霞等[67,68]研究了不同直流电场作用下硅橡胶复合材料中空间电荷的极化与去极化过程。实验发现,在较低(5kV/mm)和较高(60kV/mm 和 70kV/mm)电场下,电极附近介质中均会积聚异极性电荷,但分析认为其形成机理完全不同:前者异极性电荷来源于补强填料、交联剂和其他添加剂等偶极基团的极化;而后者阳极附近的异极性电荷来源于阴极电子的大量注入与迁移。另外,在较高电场下,介质中空间电荷的注入效应十分明显,尤其在试样中部,空间电荷的极性取决于功函数较低的金属电极极性。同时,研究发现,70kV/mm 电场下空间电荷会出现突变现象,这表明空间电荷所诱发的电场畸变导致介质内部出现局部击穿,空间电荷出现"中和"现象[69]。

Rain 等[70]利用激光诱导压力波法研究了温度和电压场强两种变量对硅橡胶空间电荷特性的影响。实验发现,空间电荷的极性取决于高压电极的极性。在20℃和40℃下,当电场(5kV/mm)较低时,电极附近介质内积聚异极性电荷;逐步提高施加电场或实验温度,异极性空间电荷会被同极性电荷所取代。

Luo 等[71]研究了电晕老化对硅橡胶复合材料空间电荷的影响规律。研究发现,在硅橡胶介质内部靠近阳极的区域和试样中部会积聚负极性空间电荷,电晕电压的提高和电晕时间的延长会加剧绝缘材料的老化程度,使得试样表面产生大量微孔和裂纹,加剧空间电荷的注入与积聚。

电缆附件内部还存在由电缆附件绝缘与电缆绝缘构成的界面结构。根据Maxwell-Wagner 极化理论[72],不同绝缘介质界面存在不连续性而在电场下形成电荷积聚,因此电缆附件绝缘与电缆绝缘间的界面电荷问题也成为一个研究的重点。Yin 等[73]研究了不同温度下硅橡胶与 XLPE 绝缘间的界面电荷。研究表明,当硅橡胶一侧电极为阳极时,界面处积聚正极性电荷;同时,随着极化电场的提高,界面处电荷密度幅值逐渐增大。另外,逐步将实验温度由 303K 提高至 323K,界面电荷逐渐增多;而进一步提高温度至 353K 时,界面电荷量并未出现明显增多。

研究人员还研究了温度梯度场对硅橡胶绝缘材料空间电荷特性的影响。由于直流电缆在运行过程中导体会持续产生热量,热量通过电缆或附近绝缘向外传导,从而使电缆及其附近形成一个不均匀分布的温度场[74]。Fabiani 等[75]研究表明,在一定的温度梯度场下,聚合物绝缘电阻的负温度特性使得载流子电导从高温侧到低温侧逐渐降低,载流子积聚于低温侧,致使低温侧场强明显增强,介质内部电荷的迁移量和注入量升高,导致空间电荷大量积聚,更容易造成绝缘提早失效。Choo 等[76,77]和 Fu 等[78]的研究均表明,温度梯度场会影响电缆附件绝缘介质空间电荷特性。

陈曦等[79,80]研究了温度梯度场下硅橡胶与 XLPE 双层介质的电荷分布特性。研究表明,在 6kV/mm 电场下,硅橡胶与 XLPE 界面间积聚负极性电荷;同时,随着两侧电极温度梯度逐渐增大,双层介质的电导率差值逐渐增大,导致双层介质间界面电荷积聚增多。另外,吕亮等[81]研究了硅橡胶与三元乙丙橡胶所组成的界面处空间电荷积聚特性。结果表明,界面电荷的极性取决于硅橡胶侧电极的极性。同时,研究发现,当硅橡胶一侧电极为正极时,空间电荷分布几乎不随极化时间的延长而变化,分析认为这是由于硅橡胶中的电导主要由负极性载流子形成,而乙丙橡胶中的电导主要由正极性载流子形成,这使得硅橡胶中的负极性载流子被正极吸引,而乙丙橡胶中的正极性载流子被负极吸引,两种载流子很难穿过界面发生复合现象,从而导致界面处积聚的正极性电荷在数量上趋于稳定。

电缆附件绝缘介质的空间电荷特性除了受电场和温度梯度场的影响,还受机械应力等多场因素影响。这是由于电缆附件在使用过程中为保持一定界面压力,从而保证一定的界面耐电强度,需要以一定的过盈量紧密包覆电缆绝缘,因而实际运行中的电缆附件处于扩张状态。扩张拉伸会改变附件绝缘材料硅橡胶的分子链结构及体内陷阱分布,从而改变附件绝缘与电缆绝缘组成的多层介质的空间电荷分布情况。杨毅伟等[82]研究了拉伸状态下硅橡胶与聚乙烯的界面电荷特性。结果表明,XLPE 与硅橡胶间界面积聚的电荷量随着硅橡胶试样伸长率的增加而呈现先减少后增加的趋势。他们认为当硅橡胶受到弹性拉伸时,拉力减小分子间作用力以及维持分子链结构的内在应力,从而减小双层介质界面的势垒,有利于硅橡胶内的正电荷越过界面进入 XLPE 试样内部。但当超过硅橡胶的弹性拉伸范围继续拉伸时,试样内部可能产生新的电荷陷阱,使得界面的势垒提高,导致正电荷更易积聚在界面处。

### 1.3.2　乙丙橡胶空间电荷特性及其调控方法

何华琴等[83]通过 PEA 法测量了不同拉伸状态下 EPDM 空间电荷特性,发现弹性形变内一定的拉伸可以减少 EPDM 中空间电荷的注入,而非弹性拉伸则会导致橡胶基体中深陷阱的增加,使空间电荷的积聚增加,并利用聚合物的电场有限元分析和能带理论解释相关结果,认为材料内部陷阱能级的差异可以影响空间电荷积聚的位置。王俏华等[84]测试了不同温度预处理后的 EPDM 和硅橡胶高压直流电缆附件绝缘材料的空间电荷特性,发现硅橡胶主要表现为同极性的空间电荷积聚,而 EPDM 则为异极性电荷的注入。通过进一步进行拉伸性能分析和动态热机械分析发现,预处理温度可能影响了橡胶材料的硫化降解平衡。结果表明,硅橡胶经过 150℃预处理后空间电荷注入减少,EPDM 经过 80℃预处理后,性能表现比较优异。雷志鹏[85]仿真测试了不同电极结构对 EPDM 空间电荷分布变化特性、表面击穿电压和击穿电场强度的影响,发现在电极边缘容易积聚空间电荷,并在该位置附近首先引发放电。

### 1.3.3　高压直流电缆附件复合绝缘界面电荷研究现状

#### 1. 理论模型

目前国内外学者针对复合绝缘界面电荷积聚的理论模型已经做了一定的研究。由 Maxwell-Wagner-Sillars 理论可知,空间电荷积聚与电极注入、由电场和温度导致的电导率梯度以及介质的不均匀性(界面)密切相关。当电场强度低于空间电荷注入阈值时,绝缘系统遵循欧姆定律。但是随着电场强度增大或者温度升高,超过空间电荷阈值时就会发生空间电荷的注入和积聚现象[86]。在不均匀介质中(电导率或介电常数不是恒定的)或者有界面存在的情况,空间电荷也会积聚。

现将电缆附件中的 LDPE/EPDM 界面简化为一个双层介质模型[87]。其中，假设绝缘层 1 是厚度为 $d_1$ 的 LDPE 薄膜，绝缘层 2 是厚度为 $d_2$ 的 EPDM 薄膜，外施电压设为 $+V$，$\Sigma_s$ 为双层绝缘界面电荷密度。

根据 Maxwell 方程变形：

$$\sigma_1 E_1 = \sigma_2 E_2 \tag{1-1}$$

$$d_1 E_1 + d_2 E_2 = -V \tag{1-2}$$

$$\varepsilon_1 E_1 - \varepsilon_2 E_2 = \Sigma_s \tag{1-3}$$

其中，$\varepsilon_1$ 和 $\varepsilon_2$ 分别为 LDPE、EPDM 双层介质的介电常数；$\sigma_1$ 和 $\sigma_2$ 分别为 LDPE、EPDM 双层介质的电导率；$E_1$ 和 $E_2$ 分别为双层介质的电场强度。

化简计算后可以得到界面电荷密度的表达式：

$$\Sigma_s = \frac{\varepsilon_1 \sigma_2 - \varepsilon_2 \sigma_1}{\sigma_1 d_2 + \sigma_2 d_1} V \tag{1-4}$$

从式(1-4)中可以看出，$\Sigma_s = 0$ 的条件是双层介质的电导率与介电常数的比值相等，即 $\varepsilon_1/\sigma_1 = \varepsilon_2/\sigma_2$ 时，在双层介质界面处无界面电荷积聚。可以看到，界面电荷积聚过程与试样的介电常数、电导率、厚度、所施加电压以及时间常数 $t_c$ 密切相关[88]，那么包括界面电荷的极性以及变化规律与极化时间的关系可由式(1-5)推出。

$$Q_s = \frac{\varepsilon_1 \sigma_2 - \varepsilon_2 \sigma_1}{\sigma_1 d_2 + \sigma_2 d_1} U(1 - e^{-t/t_c}) \tag{1-5}$$

$$t_c = \frac{\varepsilon_1 d_2 + \varepsilon_2 d_1}{\sigma_1 d_2 + \sigma_2 d_1} \tag{1-6}$$

电缆绝缘和附件绝缘的电导率比值与介电常数比值相差越大，则双层介质的界面极化越显著，在界面处形成的空间电荷越多，界面处的电场越集中。而界面处的击穿场强比电缆和附件本体的击穿场强低得多，最终导致电缆和附件界面处发生闪络甚至击穿；此外，界面处的空间电荷即使不会引起界面的瞬时击穿，也会在空间电荷的入陷和脱陷过程中加速界面处的老化，引起界面击穿场强的降低[89]。

一般情况下，电缆绝缘与附件绝缘两种介质的电导率和介电常数的比值并不匹配，这就导致电缆附件中容易积聚界面电荷。另外，电导率又是电场与温度场的函数，而介电常数随电场和温度场的变化不大，从而导致电导率与介电常数的比值随电场和温度场变化而变化，进而影响双层介质界面处空间电荷的极性和密度。Vu 等[90]基于所测得的 XLPE 与 EPDM 的电导率随温度和电场的变化规律，根据 Maxwell-Wagner 极化理论预测了双层介质界面电荷的极性。利用 PEA 法进一步研究了不同温度和外施电场条件下的双层介质中空间电荷的行为。在室温低场下，界面电荷为正电荷；当增加电场强度到更高时，由于电导率的变化，界面电荷极性变为负值;界面电荷极性的实验结果与预测结果完全一致。进一步提高温度且电场强度逐渐增大时,负极性空间电荷在界面区域积聚且电荷密度逐渐增大;当电场极性发生转变时,界面电荷极性同样随之变化。

兰莉[91]研究了不同温度和电场强度下 XLPE 与 EPDM 间的界面电荷特性,与 Vu 等发现的规律相近,同时利用双极性电荷输运模型与 Maxwell-Wagner-Sillars 理论来模拟双层介质的空间电荷行为,设置理想界面、界面势垒和界面深陷阱来模拟界面性质对电荷输运的影响。在对比实验和模拟结果后得到,Maxwell-Wagner-Sillars 理论适用于分析低温低场下的界面电荷特性,而双极性电荷输运模型能够对注入电荷在绝缘界面附近产生积聚的动态特性进行模拟,注入电荷在界面附近积聚的主要原因是界面两侧电场强度和载流子迁移率的差异。

越来越多的人发现,不同介质的界面电荷动态特性会偏离 Maxwell-Wagner 极化理论模型。Rogti 等[92]采用不同的电极材料测试了 LDPE/FEP(氟化乙烯丙烯共聚物,fluorinated ethylene propylene)的界面电荷特性。结果表明,界面电荷的大小和输运特性都与 Maxwell-Wagner-Sillars 理论有出入。Chen 等[93]测试了 Sc 和 Al 两种电极材料对 LDPE/LDPE 界面电荷分布的影响,发现 LDPE 之间的界面扮演着电子陷阱而非空穴陷阱的角色,并由此得出界面电荷的形成与介质的表面态密切相关。

### 2. 影响因素

常文治等[94]研究了电缆中间接头 SiR/XLPE 界面上设置金属颗粒缺陷,通过逐级升高电压激发出局部放电信号并加速缺陷发展,基于对局部放电相位分布特征及特征量变化趋势的综合分析,提出了一种 SiR/XLPE 界面金属颗粒沿面放电严重程度的评估方法。

直流电缆附件绝缘和电缆绝缘的界面同时承受沿着电缆径向的体电场和沿电缆轴向的界面电场,这两个电场在方向上相互正交,在界面上的分布和集中使得复合绝缘界面的空间电荷特性变得复杂。张宇巍等[95]搭建了三种电极形式为绝缘界面提供正交电场,利用 PEA 法分别测量了体电场、正交电场作用下界面空间电荷的分布情况。实验结果表明,在体电场和界面电场的正交电场作用下,SiR/XLPE 界面的空间电荷峰值出现明显变化,并且受电极安排方式的影响较大。

### 3. 调控方法

国内外学者开展了电缆附件界面空间电荷调控方法的相关研究。王霞等[96,97]研究了不同涂覆条件对 XLPE 和 SiR 界面电荷的影响。结果表明,涂覆硅油使硅橡胶溶胀后,复合界面空间电荷相比无涂覆情况积聚的正电荷量增多,且在高场强下界面电荷极性为正;由于具有较强的电负性,氟化硅脂使得界面积聚更多的空间电荷;老化实验表明,涂覆硅脂后,SiR 材料的力学性能下降明显。钟海杰等[98]提出了一种直流电缆附件的新型设计理念,采用与电缆绝缘相似的 XLPE 材料模注在电缆绝缘层上制作成应力锥和附件的增强绝缘层,使得直流电缆附件的增强绝缘层与电缆绝缘层在交界面处融成一体,一定程度上消除了界面,进而从根本上改善了原界面上空间电荷的积聚情况。Gustafsson 等[99]选择在电缆绝缘与附件增强绝缘间增加一层非线性控制层,并将此技术成果应用在直流电缆附件中。利用非线性电导复合材料在电场与温度场下的电导率"呼吸"效应,使得界面处非线性材料、电缆绝缘以及附件增强绝缘三层介质的电导率与介电常数比值相接近,从而有效抑制界面电荷的积聚。顾金[100]研究了 LE4253、LE4201 和 SLPE4301 三种电缆本体绝缘料,SiR 和 EPDM 两种电缆附件绝缘料在不同温度及不同电场强度下的电导率,进一步测试不同复合绝缘组合的界面电荷积聚情况,发现 EPDM 作为电缆附件与电缆绝缘匹配时,界面电荷积聚较少,而且实验结果表明,在相同电压和温度下,LE4253 与 EPDM 组合绝缘的界面电荷要比与 SiR 匹配时小得多,因此认为 EPDM 更适合作为高压直流电缆附件的绝缘材料。朱涛[101]向 LDPE 基料中添加纳米 SiC、ZnO 颗粒制备非线性屏障层,并测量了该屏障层与未填充 LDPE 组成的双层试样空间电荷分布情况,发现置于高、低压侧的非线性屏障层对绝缘空间电荷积聚的抑制效果不同,但短路后残余空间电荷较少。

## 1.4 高压直流电缆附件绝缘电树枝破坏特性研究

直流电缆中硅橡胶电缆附件在承受额定电压之外,还需承受操作过电压、雷击过电压以及换流脉冲电压等,加之电缆绝缘与附件绝缘交界面处界面电荷积聚情况复杂,导致附件极易发生绝缘破坏乃至击穿[102,103]。柔性直流输电系统在电网中通常用来为岛屿供电或连接风电、光伏等发电设备,直流电缆的故障可能会造成岛屿供电的中断或风机、光伏等发电设备的出力损失,引发较为严重的生产事故[104,105]。我国直流电缆使用时间较短,近年来直流电缆故障也多次发生。2011年上半年,甘肃酒泉风电场"2·24""4·3""4·17"三起由直流电缆设备故障引发的大规模风机脱网事故均造成上百台风机连锁脱网,损失出力最高达975.623MW("4·17"事故)[106]。因此,研究直流硅橡胶电缆附件的故障机理有助于保障电力的稳定。

研究表明,硅橡胶电缆附件的击穿是逐步累积发展的,在目前工艺水平下,电树枝老化是击穿的主要原因。图 1-3 为硅橡胶附件中的电树枝现象及其造成的绝缘击穿事故照片。电树枝在其生长的早期由于局部放电较弱难以测量,但其在生长过程中会不断破坏电缆绝缘并最终导致击穿,对整条线路的供电甚至电力系统的稳定造成极大威胁。因此,研究硅橡胶附件中的电树枝老化现象及其演变机理对交、直流电缆技术的发展具有十分重要的意义。

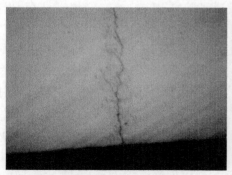
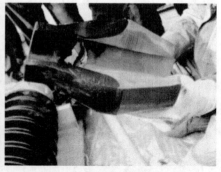

(a) 硅橡胶附件中的电树枝　　　　　　　　(b) 电树枝导致的硅橡胶附件击穿

图 1-3　硅橡胶附件中电树枝现象及其造成的事故

自从 1951 年 Mason 首次在固体介质中发现电树枝,许多学者对聚合物中的电树枝现象进行了广泛而深入的研究。之后 60 余年,人们对电树枝老化现象的认识也逐渐深入,发表了大量研究成果。实验室中一般采用典型的针-板电极结构来模拟气隙、杂质等缺陷,目前已经对聚乙烯、环氧树脂、交联聚乙烯、有机玻璃、硅橡胶等聚合物中的电树枝老化现象进行了研究,并且研究了电压幅值、电压频率、环境温度、机械应力等因素对电树枝的起始特征、形态特征、生长特性以及累积击穿概率等的影响。

### 1.4.1　聚合物电树枝化研究概况

电树枝现象是绝缘材料中由局部放电引起的微米级放电通道,因其形状为树枝状,故称为电树枝。电树枝多由绝缘材料内的气隙、杂质、不规则形状等引起。

一般而言,聚合物电树枝的生长包括三个阶段:潜伏期、起始期和生长期(图 1-4)。

由图 1-4 可知,三种情况可引发电树枝的形成[107]。

(1) 电荷注入抽出引发电树枝。

在交流电场下,大量的电子会在电压负半周注入绝缘材料,但由于绝缘材料内电场强度逐渐降低,这些电子的注入深度较浅。部分未入陷的电子会在正半周被抽出并在下一个负半周被再次注入。在外部电荷注入的同时,材料内的自由电子会由于外部电场的存在加速运动并与材料分子产生非弹性碰撞。入陷电子也可能获得足够的能量进入导带并成为热电子。在这些电子的运动过程中,部分电子获得足够的能量使绝缘材料发生分解,生成气体及小分子产物。分解反应会导致绝缘材料的劣化并形成微小的通道,最终形成明显的电树枝。

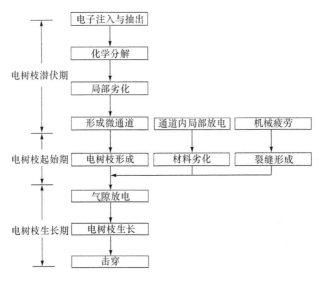

图 1-4　电树枝典型生长阶段

（2）局部放电引发电树枝。

当绝缘材料内含有气隙、杂质或极不规则的结构时，这些结构在外加强电场的作用下可能发生局部放电并使缺陷附近的绝缘材料发生劣化，最终导致电树枝形成。

（3）机械疲劳引发电树枝。

当绝缘材料施以交流电压时，绝缘材料内的缺陷、杂质等会在交变的电磁场中承受较大的电磁场作用力，导致其附近的绝缘材料产生机械疲劳并形成裂缝。之后外界强电场导致裂缝内发生局部放电并生成电树枝。

然而，众多国内外研究人员都认为，无论电树枝的引发还是生长阶段，都是一种极为复杂的现象，可能存在上述一种或同时存在多种现象。此外，绝缘介质的种类、分子结构、力学形态等都会导致电树枝现象的多样性。

1958 年，美国学者 Kitchin 和 Pratt 利用交流、直流和冲击电压首次对发散电场的聚乙烯试样中的电树枝进行了研究。结果发现，绝大部分绝缘击穿必然以电树枝化为先兆[108]。1974 年，日本学者 Noto 和 Yoshimura 研究了施加电压频率和幅值对聚乙烯中电树枝化的影响，发现电树枝的引发时间随着施加电压频率的升高而缩短；而随着电压幅值的升高，电树枝形态由枝状向丛林状转变，他们认为这是由树枝通道内气压的变化引起的[109]。加拿大学者 Densley 在 1979 年通过研究电压频率、幅值、温度以及机械应力对 XLPE 电缆绝缘中电树枝形态、局部放电以及击穿时间的影响，发现环境温度和机械应力的提高会缩短绝缘的击穿时间；另外，局部放电测试结果表明，空间电荷对电树枝形态和绝缘击穿时间都有很大的影响[110]。1980年,法国学者Laurent和Mayoux首次采用局部放电光电联合测量的方法,研究了施加电压不同时聚乙烯中电树枝的生长特性,发现聚乙烯中电树枝形态差异是由电树枝通道电导率的变化引起的,而不是树枝通道内的气压变化引起的[111]。同一时期,日本名古屋大学著名学者Ieda和Nawata的研究结果表明,电树枝的生长是由于气体放电产生导电性的等离子体形成发散场强,同时产生脉冲电压导致聚合物介质的局部击穿,树枝通道一般为微米级,在重复气体放电的作用下树枝通道直径逐渐扩大[112]。英国学者Champion等在2000年用不同幅值的工频电压对合成树脂中的电树枝生长特性进行了系统研究,发现电树枝的击穿时间主要受局部场强的影响,而且电树枝的最终形态并不只取决于外加电压[113]。

对于电树枝的引发过程及机理研究,1998年,日本学者Shimizu和法国学者Laurent阐述了电荷注入在电树枝起始过程中的重要作用,认为对于电树枝引发时间大于1s的情况,电树枝引发是由于在载流子的注入-抽出过程中,电子在介质自由体积内自由加速,形成"热电子",撞击聚合物高分子,产生自由基,同时在氧气的作用下,发生自氧化连锁反应,导致高分子链的断裂,形成含有微孔的劣化区域,逐渐形成气隙,进而引发电树枝。另外,他们指出,当电极的电场强度高于某一特定值时,电极注入的电荷会形成可测量的空间电荷,这一电场强度称为"空间电荷注入临界场强"[114]。2002年,英国学者Dissado从实验和理论方面阐述了电树枝的起始、生长、形态变化等各种特征量的影响因素,并讨论了电树枝放电、生长速率和电树枝形状之间的内在关系,总结了各种电树枝生长及放电的理论模型及电树枝生长过程中伴随的混沌现象[115]。

### 1.4.2 电树枝化影响因素研究现状

电树枝现象被发现之后,人们对于电树枝的诸多影响因素展开了研究,这些因素包括电压频率、温度、电压类型、高分子聚集态以及纳米颗粒添加物等。

电力系统中存在大量的谐波分量,这些非工频的电压会对电缆绝缘的电树枝老化过程产生影响,其影响机理为电压频率的变化会影响电荷注入-抽出的过程以及局部放电的强度,从而间接作用于电树枝的生长。2009年,英国学者Chen等研究了施加电压频率对XLPE电缆绝缘中电树枝生长特性的影响,发现电树枝的分形维数在施加电压频率为20~500Hz时没有明显变化,但是电树枝的生长速率在频率大于100Hz时显著增加[116];2008年,我国学者聂琼等研究了HDPE中电压频率对电树枝起始过程的影响,发现随着电压频率的升高电树枝起始时间先延长后缩短,转折点频率为10kHz[117];2010年,我国学者谢安生等用计算机成像系统研究了XLPE电缆绝缘中的电树枝现象,发现在不同的电压频率下,电树枝的起始过程非常相似[118]。2013年,约旦学者Abderrazzaq等发现,XLPE中电压频率的升高导致局部放电的加剧，从而极大影响了电树枝的生长过程[119]。

电缆的工作温度随着负荷及安装位置、方法等发生变化，而目前的电缆绝缘材料多为高分子聚合物，其在不同的温度范围内会表现出不同的材料特性，从而影响绝缘材料内的电树枝生长特性。2000 年，英国学者 Champion 等研究了温度对环氧树脂中电树枝的影响，发现温度的变化导致环氧树脂特性改变，从而明显影响电树枝的生长特性[120]；2012 年，我国学者陈向荣等研究了温度对 XLPE 中电树枝现象的影响，发现温度的变化可以明显改变电树枝形态及起始概率[121]。

随着输电技术的发展，电缆绝缘承受的电压类型不断增多，对电树枝现象的研究也从交流电压扩展到了直流、脉冲电压等领域。1998 年，日本学者 Sekii 研究了脉冲电压下 LDPE 中电树枝的起始和生长规律，发现正负脉冲电压下电树枝起始电压有显著差异，这是由正负电极下电树枝生长特性的不同造成的[122]。2005 年，Sekii 等研究了直流电压下 XLPE 中的电树枝现象，发现负电压下的电树枝起始电压较高，并认为这是由正负极性下注入电荷数量的差异引起的[123]。2008 年，我国学者王珏等研究了（聚甲基丙烯酸甲酯，polymethyl methacrylate）内重复纳秒脉冲作用下的电树枝现象，发现不同的脉冲频率会影响电树枝的形态[124]。2013 年，我国学者刘莹等研究了施加直流及脉冲电压后 XLPE 电缆绝缘中的电树枝现象，发现直流与脉冲电压下电树枝的起始特点有明显区别，具有陡上升沿的脉冲电压可以促进电荷的脱陷以及电树枝的形成[125]。

聚合物绝缘材料的聚集态结构（超分子结构）是指聚合物内分子链之间的排列和堆砌结构，是决定聚合物本体性质的主要因素，聚合物绝缘材料实际的使用性能直接取决于材料的聚集态结构。当聚合物从熔融状态逐渐冷却时可能出现两种情况：①高分子链按熔融时的无序状态固定下来成为非结晶态，这种物质由熔融时的黏流态直接凝固而成，其外观通常是透明的；②高分子链在相互作用力的影响下按照严格的次序有规则地排列起来，成为有序的结构，最终形成结晶态。结晶是指高分子链发生部分排列的过程，在此过程中，高分子链折叠起来，形成有序的结晶区。对于结晶态聚合物，一般都是结晶相与非结晶相共存，100%结晶的聚合物未曾发现。聚合物大分子链的长度为 100～1000nm，晶体的尺寸和形状则取决于材料结晶过程，一般认为聚合物结晶存在于 10nm～1cm 不等的各种尺寸范围内[126]。结晶区的形成会导致分子排列状态改变以及材料内电场分布的变化，且晶粒的机械强度及击穿强度较高，这些因素都会影响聚合物绝缘材料的老化过程。大量研究表明，聚乙烯、聚丙烯、XLPE 内的结晶状态对电树枝老化过程影响作用明显。1991 年，日本学者 Tanaka 等发现 LDPE 内结晶度的提高会增加电子的自由行程，从而降低材料的介电性能[127]。2001 年，中国学者周远翔等研究了热处理对聚乙烯形态及其电树枝起始电压的影响，发现重结晶及晶层厚度的增加会使电树枝的起始电压明显升高[128]。2002 年，我国学者罗晓光等在研究中发现，聚乙烯结晶度的提高会导致分子间自由空间减小，从而降低电树枝的起始概率[129]。

### 1.4.3　硅橡胶电树枝化研究现状

自从电树枝被发现以来，人们对电树枝现象的研究一直集中在聚乙烯、XLPE、环氧树脂等材料上，而硅橡胶长期以来一直作为一种外绝缘材料研究它的憎水性等问题。近年来，随着硅橡胶电缆附件的应用，它的电树枝特性开始受到国内外学者的广泛关注。硅橡胶分子的主链是 Si—O 键，这就意味着硅橡胶中的碳元素含量远小于聚乙烯、XLPE 等绝缘材料。另外，硅橡胶在常温下状态为熔融，内部无结晶生成，因此其中的电树枝现象也会有很大不同[126]。

日本名城大学 Kamiya 等研究了二次交联对硅橡胶中电树枝起始电压的影响，发现二次交联后材料中低分子量成分的减少使得气孔中带电离子的自由行程增加，从而降低了二次交联后硅橡胶中电树枝的起始电压；经去气处理后电树枝的起始电压明显升高，但随着空气的再次注入而降低[130,131]。2009 年，清华大学周远翔等研究了常温下电压频率对硅橡胶中电树枝特性尤其是起始电压的影响，发现当电压频率从 500Hz 上升到 1000Hz 时，起始电压大概下降 25%，而且电树枝的形态也随着电压频率变化[132,133]。2011 年，天津大学杜伯学等研究了温度对硅橡胶中电树枝特性的影响，发现当温度由 30℃升高至 90℃时主要电树枝结构由枝状变化为丛林状且电树枝起始概率降低[134]。2013 年，马来西亚学者 Musa 等研究了工频电压下硅橡胶纳米复合材料内的电树枝现象，发现纳米 $TiO_2$ 颗粒含量的提高会增加电树枝的击穿时间及局部放电次数，并且电树枝通道数量随着纳米颗粒含量的增加而增多[135]。但到目前为止，对于硅橡胶电树枝的研究仍然处于起步阶段，随着硅橡胶电缆附件应用范围的变化，许多特殊条件下的硅橡胶电树枝特性成为当前亟待研究的新课题。

目前已有对温度的研究仅限于室温及室温以上，但是硅橡胶绝缘的工作温度随着安装位置的变化而不同。根据现有记录，我国户外最低气温记录为 1969 年 2 月 13 日黑龙江漠河出现的 −52.3℃，俄罗斯奥伊米亚康地区的最低气温达到 −71.2℃，而全球最低气温记录为 2013 年 12 月 8 日南极地区出现的 −91.2℃。随着人类活动范围的扩大，高压电力电缆已经应用在许多高寒地区。低温环境下硅橡胶分子状态的变化可能会引起电树枝特性的改变，但是到目前为止，0℃以下硅橡胶电树枝现象的研究并未见报道。

柔性直流输电技术使用绝缘栅双极型晶体管(insulated gate bipolar transistor, IGBT)作为开关器件[136]，克服了常规直流输电的固有缺陷，为直流输电技术开辟了更加广阔的应用空间，但在 IGBT 的开关过程中会产生大量的脉冲电压，使得直流电缆中的硅橡胶电缆附件在承受额定电压、操作过电压、雷击过电压之外还需要承受脉冲电压的冲击[137]。而目前脉冲电压下电树枝特性研究仅局限于有机玻璃、XLPE 等材料内[138]，脉冲电压对硅橡胶电树枝的影响机理仍有待进一步研究。

随着大容量输电技术的应用及交、直流电缆电压等级的升高，电缆的载流量不断增长，由此引发的导体周围磁场强度也随之升高。交流电缆中，电流引发的磁场随电压不断变化，而在直流电缆中，则会引发方向恒定的强磁场。强磁场作用下电荷运动特性发生改变，因此可能会影响电树枝老化过程。有研究发现，XLPE 材料内磁场强度的升高会使电树枝由枝状过渡为丛林状，且随着磁通密度的增加电树枝的生长速率呈现先增加后减小的趋势[139]。但是在硅橡胶内磁场对电树枝的作用仍然不确定。

硅橡胶在常温下不发生结晶，弹性较好，其分子链段在常温下具有较高的活化能，而传统的聚乙烯环氧等材料在常温下已发生结晶，分子链段并不能自由运动。因此硅橡胶电树枝化现象可能与传统绝缘材料不同。文献[140]报道了硅橡胶内电树枝的自愈现象，但并未对其具体的自愈机理进行分析，并且未见后续报道。硅橡胶电树枝化的自愈条件、自愈机理等仍需进一步研究。此外，硅橡胶材料的特性也使其电树枝形态特征与传统绝缘材料不同，文献[141]应用三维成像技术研究了硅橡胶电树枝的形态特征，但由于材料的复杂性及树枝通道的多样性，硅橡胶电树枝的微观形态及生长过程中各因素的作用机理仍有待进一步完善。

## 1.5 聚合物绝缘老化与破坏调控方法研究现状

以上内容综述了高压直流电缆的发展以及电缆附件绝缘空间电荷研究的现状，包括电缆系统组成、附件绝缘空间电荷积聚以及复合绝缘中界面电荷积聚相关的理论模型、影响因素和初步调控手段等方面。若想系统地解决高压直流电缆附件界面电荷积聚问题并揭示相关调控方法的作用机制，需要全面掌握聚合物复合绝缘本体及表层改性方法对空间电荷的调控机理。下面主要介绍表层分子结构调控技术、非线性电导复合材料以及纳米复合材料三种聚合物空间电荷调控手段，希望从中找到适用于高压直流电缆附件复合绝缘界面电荷的抑制方法。

### 1.5.1 表层分子结构调控技术

#### 1. 表层分子结构调控技术介绍

含氟聚合物具有突出的电学、热学与化学性能，包括优异的耐热性、耐蚀性、电绝缘性，以及极强的化学惰性和极低的表面能等，在微电子、汽车工业、航空航天和特种涂料等高科技领域发挥着不可替代的作用[142-144]，这与氟原子独特的性质密切相关。氟原子是所有原子中除氢原子以外半径最小的原子，这使其具有极强的电负性和电子亲和能,电子极化度很小[145,146]。其原子与氢原子对比后的物化常数如表 1-2 所示[147]。同时,含氟有机聚合物分子中 C—F 键的键能很高(485kJ/mol),使得 C—F 键具有突出的化学稳定性和热稳定性[148,149]。这些氟原子和 C—F 键的特性使得含氟聚合物在许多方面明显优于其他聚合物。

表 1-2　H 和 F 原子的物化常数

| 物化常数 | H | F |
| --- | --- | --- |
| 电子结构 | $1s^1$ | $2s^2 2p^5$ |
| 范德瓦耳斯半径$/(10^{-10} m)$ | 1.20 | 1.35 |
| 电负性 | 2.1 | 4.0 |
| 电离能$/(4.19kJ/mol)$ | 315 | 403 |
| 电子亲和能$/(4.19kJ/mol)$ | 17.8 | 83.5 |
| 极化率$/(10^{-34}C \cdot m^2/V)$ | 0.66 | 0.68 |

美国 3M 公司和杜邦公司于 20 世纪中叶相继设计出全氟代聚合物和部分氟代聚合物,材料得到广泛的关注和应用。特别是含氟聚合物优异的光学、热学和电学性能等,使其在各领域逐渐推广开来,聚四氟乙烯(poly tetra fluor ethylene,PTFE)就是含氟聚合物中的典型代表[150]。PTFE 具有优异的介电性能、极低的介电常数和介电损耗,让其能够适用于更广的频域和温度范围。同时,PTFE 还具有极高的绝缘电阻,体积电导率大于 $10^{-16} S/cm$,介电强度甚至达到 100kV/mm [151]。

基于含氟聚合物的各项优异性能,科研人员通过氟化物的聚合或者利用氟原子置换聚合物中的氢等原子,来制备具有不同特性的含氟聚合物[152]。例如,Mickelson 等[153]在不同温度下在单壁碳纳米管中引入氟原子,同时又利用肼实现了去氟的效果。Furuya 等[154]在综述中详细介绍了氟化和三氟甲基化的催化工艺,通过表层分子改性技术将氟原子或含氟基团引入非含氟聚合物中,其利用氟气极其活跃的化学活性,使聚合物与氟气在一定温度与压力下发生化学反应,从而在不改变聚合物基体化学结构的情况下将聚合物表面的氢原子置换为氟原子,从而使聚合物获得含氟化聚合物的各项优异性能[155]。这种方法具有工艺简单、成本低且不会破坏聚合物基体原有性能的特点,是聚合物改性的常用手段。

### 2. 表层分子结构调控空间电荷技术

表层分子结构调控可以通过改变聚合物表面的化学组成和物理结构来改善聚合物材料的电气性能[156,157]。An 等[158-160]的相关研究结果表明,表层分子结构调控的时间和温度等条件在抑制 LDPE 空间电荷积聚方面有一定的效果。同时,对环氧树脂进行氟化处理,并对其表面电荷特性进行研究,结果表明,C—F 键层可以在一定程度上抑制环氧树脂试样表面电荷积聚的作用。Li 等[161]利用 $F_2/N_2$ 混

合气体对 $\alpha$-Al$_2$O$_3$ 填充环氧树脂进行 15min、30min 和 60min 的氟化处理,发现试样的静态接触角降低,通过改变材料的表面能、表面电导以及粗糙度等特性加快了盆式绝缘子表面电荷的消散。Du 等[162-166]研究了表层分子结构调控对硅橡胶复合绝缘试样介电常数、空间电荷与陷阱能级分布的影响规律。表层分子结构调控20min 可以降低深陷阱密度,有效抑制空间电荷的注入与积聚。此外,通过表层分子结构调控技术对聚酰亚胺薄膜进行了氟化改性,实验发现表层分子结构调控后的聚酰亚胺薄膜表面形成了一层厚度为数微米的 C—F 键层,其能够弥补试样表层本身的某些缺陷,从而降低试样的陷阱深度并提高电荷消散速率,有效抑制电荷在聚酰亚胺薄膜表面的积聚,显著提高聚酰亚胺薄膜耐电晕性能。利用表层分子结构调控换流变压器油纸绝缘的表面电荷动态特性,发现氟化处理能够改变绝缘纸的表面结构、电阻率和陷阱分布特性,从而影响载流子的迁移过程。以上研究表明,聚合物材料表层分子结构调控能够改善电荷输运特性。

表层分子结构调控技术为调控高压直流电缆附件界面电荷特性提供了一种可能,但相关处理方法与实验参数尚不可知,表层分子结构调控对于直流电缆附件复合绝缘材料表面形貌、界面特性、空间电荷的注入和输运等关键性能的影响规律有待研究,需要从实验和仿真角度揭示表层分子结构调控对复合绝缘界面电荷积聚、输运过程以及陷阱能级分布特性的作用机理,进而获得表层分子结构调控的最佳参数。

### 1.5.2 非线性电导复合材料

#### 1. 非线性电导复合材料及分类

场梯度或应力控制通常是指降低电力设备中的电场集中程度[167,168]。一些材料的电导率和(或)极化率可以随外施电场的变化而呈现非线性变化,这类材料称为非线性电导复合材料或者场梯度材料(field gradient material,FGM)[169,170]。随着电力设备容量的不断增大和电压等级的不断升高,非线性电导复合材料在提高产品竞争力、实用性和效率方面显示出比较大的优势[171];同时,在一定程度上解决了设备成本、尺寸、温度和损耗之间的矛盾,因为小尺寸的绝缘材料能够降低成本和温度,但是难以承受高场强,尤其是一些敏感区域对材料的要求更高,如界面和三结合点等[172]。根据电位移是容性电流还是阻性电流,可将非线性电导复合材料大致分为两种:容性梯度材料和阻性梯度材料。此外,还有高电导复合材料。

非线性电导复合材料能够呈现出何种非线性特性取决于复合材料内部所添加的非线性无机颗粒的种类。常见的聚合物复合绝缘材料介电参数调控用无机填料包括钛酸钡(BaTiO$_3$)、二氧化钛(TiO$_2$)、氧化锌(ZnO)、碳化硅(SiC)、炭黑(carbon black,CB)和石墨烯(graphene)等[173-175]。目前应用较为广泛的非线性电导复合材料填料主要如表 1-3 所示,这些材料已经广泛应用于过压保护、压敏电阻、避雷器和应力控制单元等电气设备元件中[176,177]。

表 1-3　非线性电导复合材料填料选择

| 调控参数 | 填料种类 | 参考文献 |
| --- | --- | --- |
| 电导率 | 炭黑、碳纤维、<br>石墨烯、碳纳米管、<br>金属粉体(镍、铁、铜、锌、铝) | [178]、[179] |
| 阻性梯度 | 碳化硅、氧化锌、氧化石墨烯 | [180]～[184] |
| 容性梯度 | 碳化硅、钛酸钡、<br>二氧化钛、铁电材料 | [185]～[188] |

**2. 非线性电导复合材料研究现状**

阻性梯度材料在高压设备中容易产生大量焦耳热进而增加损耗和加速老化,因此高压交流系统中应用较少,仅应用在一些中低压的电力设备中。然而,在直流系统中由于会出现暂态过电压,对电力设备绝缘的考验极其严峻,但由于时间较短可以忽略发热过程,高场下的梯度材料需求应运而生。它需要材料在正常工作时损耗较小,可以忽略,在过电压或者场强集中区域表现出高电导已达到均匀电场的效果。一种理想的直流下场梯度材料的非线性电导特性如图 1-5 所示,即在较低电场下具有较小的电导率,以降低正常运行时的损耗;在电场畸变的时刻或者在电场畸变区域呈现较高的电导率,以达到均化电场的目的[189]。

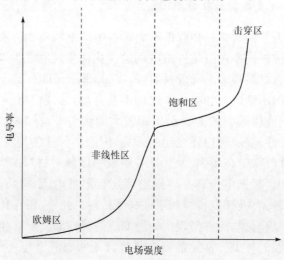

图 1-5　理想的直流下场梯度材料的非线性电导特性

　　目前相关研究人员在利用非线性电导复合材料调控直流电场分布方面展开了大量研究。Auckland 等[190,191]较早采用多种聚合物基体和 ZnO 无机填料合成得到非线性电导复合材料。研究表明,当 LDPE 中 ZnO 填充含量大于 10wt%[①]时,复合材料就可表现出非线性电导特性。Wang 等[192]利用 $SnX_2$(X=F 或 Cl)处理 ZnO 无机颗粒,并将其加入 EPDM 中获得了比未处理的复合材料更大的非线性系数。ABB 公司 Pradhan 等[193]开发了具有非线性电导特性的 SiR/ZnO 材料,将平均粒径 $60.5\mu m$ 的 ZnO 压敏电阻填料加入 SiR,制备了六种不同的 FGM 材料,可以实现对低场电导率、电场阈值和非线性系数的有效调控,并讨论了该材料在未来的应用前景。Wang 等[194]将平均粒径为 50nm 的 SiC 粒子添加到硅橡胶复合材料中,实验结果表明,当 SiC 粒子含量超过 25vol%[②]时,复合材料表现出明显的非线性电导特性。韩宝忠等[195]也对不同 SiC 类型填充的聚合物电导特性进行了研究。研究表明,纳米 SiC/硅橡胶复合材料的电导率较微米 SiC/硅橡胶复合材料的电导率要高,且在较低的电场下就能表现出隧道效应。谢竟成等[196,197]研究了硅橡胶/ZnO 非线性电导材料对尖端电场分布与电晕放电的影响。实验发现,其非线性电导能有效地使尖端处的电场分布均匀,抑制电晕放电。

　　非线性电导复合材料除具有优异的电场调控作用以外,研究人员还研究了非线性电导特性对复合材料表面电荷消散和耐电树枝特性的影响规律,发现 ZnO 粒子的添加可以有效促进表面电荷的消散,抑制电树枝生长[198]。Liu 等[199,200]和刘晨阳等[201]通过在聚酰亚胺、聚四氟乙烯、环氧树脂等材料中添加无机半导电颗粒使材料获得非线性电导特性,并通过实验证明了非线性电导复合材料具有自释电荷能力,从而降低其表面带电水平,解决了航天器绝缘介质长期承受空间高能电子辐射而产生的表面带电问题。Sonerud 等[202]研究了 EPDM/CB 复合材料的非线性介电特性,即当非线性电导复合材料所承受电场超过某一阈值时,其电导率随电场的增大而迅速增大,从而起到加快电荷输运的作用。国内外研究人员已经开始关注非线性材料的这一特性。Du 等[203]同时研究了 SiC 粒子含量对硅橡胶复合绝缘非线性电导、空间电荷与陷阱特性的影响规律及调控机理。非线性电导复合材料中引入了较浅陷阱能级,而且微米和纳米混杂填充可以减小粒子间绝缘晶界距离,进一步提高硅橡胶复合材料的非线性电导率,改善空间电荷积聚与电场畸变。

　　3. 非线性电导复合材料导电机理

　　聚合物复合电介质导电理论经过不断的发展已经能够在一定范围内解释电介质在不同电场或温度场下的导电机理,尤其是高场强下的非欧姆效应[204]。目前

———————————
①　wt%表示质量分数的单位。
②　vol%表示体积分数的单位。

引用较多的聚合物非线性电导模型主要有如下几种。

1) 逾渗模型

逾渗模型是 1957 年数学家 Hammersley 提出的模型[205]。逾渗模型解释聚合物复合材料在高场下电导率非线性变化的原因是增加基体中导电填料的含量后，填料的间距逐渐变小，当达到一个临界值时会形成贯穿性的导电通路，使聚合物复合材料的电导率迅速下降。Sumita 等[206]改进了逾渗模型，该模型考虑了两种影响因素，包括导电填料的浓度和高电导率区域结构的连续性。Aharoni[207]发现，聚合物/金属粉末复合材料的电导率与导电填料的表面积密切相关，而且与其体积分数的 2/3 次幂呈正相关趋势。逾渗模型主要是从宏观角度解释聚合物复合材料高场下的非线性电导特性。

2) 载流子增殖过程

经典电介质理论将聚合物复合材料中载流子的增殖过程分为肖特基(Schottky)电极效应、普尔-弗仑克尔(Poole-Frenkel)效应。

在 Schottky 模型中，载流子主要由电极的热效应注入聚合物电介质中，其计算公式如下：

$$j = AT^2 \exp\left[-\frac{\phi - \sqrt{e^3 E/(4\pi\varepsilon_0\varepsilon_r)}}{kT}\right] \tag{1-7}$$

其中，$j$ 为电流密度；$\varepsilon_r$ 为相对介电常数；$\varepsilon_0$ 为真空介电常数；$A$ 为 Richardson-Dushman 常数；$\phi$ 为金属电极的功函数；$E$ 为电场强度；$e$ 为电子电荷量；$T$ 为热力学温度；$k$ 为玻尔兹曼常量。

在 Poole-Frenkel 模型中，载流子增殖过程是一种体效应，其计算公式如下：

$$\sigma = \sigma_0 \exp\left[\frac{\sqrt{e^3 E/(\pi\varepsilon_0\varepsilon_r)}}{kT}\right] \tag{1-8}$$

其中，$\sigma$ 为体积电导率；$\sigma_0$ 为初始电导率。

3) 电荷传输过程

对于聚合物基体和导电或半导电粒子组成的两相或多相复合材料，电荷的传输方式主要可以分为四种：聚合物基体电导、掺杂粒子内的电导、相邻粒径间的电导和粒子与基体(或基体与粒子)间的电导。随着掺杂粒子含量或者外在环境因素的变化，在聚合物电导中占据主导地位的电荷传输方式会发生变化，包括隧道效应、跳跃电导和空间电荷限制电流(space-charge-limited current，SCLC)效应。

(1) 隧道效应。

van Beek 等[208]认为填充型电导复合材料是通过隧道效应产生导电行为的。虽然导电粒子之间有绝缘物质的隔离，但由于复合材料存在界面效应，在外加电场达到一定值时，这些粒子所带电子将有很大的概率跃迁过聚合物层所形成的势垒到达相邻的导电粒子，产生场致发射电流，这就是电场发射理论。其电流密度可以

表示为

$$J = AE^n \exp\left(-\frac{B}{E}\right) \tag{1-9}$$

其中,$B$ 为聚合物基体与导电粒子间界面区势垒高度。

(2) 跳跃电导。

跳跃电导模型中电场强度与电流密度的关系如下[209]:

$$J = 2ndve \cdot \exp\left(-\frac{U}{kT}\right) \cdot \sinh\left(\frac{eEd}{2kT}\right) \tag{1-10}$$

其中,$n$ 为载流子密度;$d$ 为跳跃距离;$v$ 为逃逸频率;$U$ 为跳跃需要克服的活化能。

(3) SCLC 效应。

总体上聚合物在高场下的电流密度均属于空间电荷限制电流效应。考虑所有聚合物基体内所有陷阱均参与载流子迁移过程[210],其电导过程可以表示为

$$J = \frac{9\varepsilon_r \varepsilon_0 \mu V^2}{8d^3} \tag{1-11}$$

其中,$\mu$ 为载流子迁移率;$d$ 为试样厚度;$V$ 为施加电压。

目前,有关非线性电导复合材料的研究多关注的是聚合物中非线性填料种类、比例等对复合材料非线性电导特性的影响规律及其对电气设备中电场分布的影响,而对于非线性电导特性是否能够调控复合绝缘的界面电荷输运特性还缺乏大量的实验研究与理论论证,需要从非线性电导复合材料对电极-介质界面电场和不同介质界面势垒的影响角度出发开展相关研究。

### 1.5.3 纳米复合材料

自 1994 年 Lewis 提出纳米电介质的概念以来[211],纳米电介质逐渐成为电气绝缘研究领域的热点,其在高导热、高储能、耐电晕、耐侵蚀、耐局放、耐击穿和抗辐射等方面所具有的优异性能使其成为高性能绝缘材料的发展方向[212-216]。同时也有大量研究表明纳米电介质抑制空间电荷积聚或注入[217-220],基于此,国内外研究人员尝试利用纳米颗粒调控电缆附件橡胶绝缘材料的介电和空间电荷特性。

周远翔等[221]研究了 $Al_2O_3$ 纳米颗粒对硅橡胶复合材料空间电荷积聚与消散特性的影响,发现纳米颗粒的添加虽然使得极化过程中空间电荷的积聚量显著增大,但是也加快了去极化过程中空间电荷的消散速率。Zhang 等[222]利用热梯度法测量了 $SiO_2$、$Al_2O_3$ 和 MgO 纳米颗粒填充的硅橡胶的空间电荷特性。研究表明,纳米颗粒的添加会通过影响材料的费米能级和陷阱分布进而提升硅橡胶材料的电气性能。Ma 等[223]在硅橡胶复合材料中添加 2wt%、3wt% 和 4wt% 的纳米 $Al_2O_3$,研究表明,随着纳米 $Al_2O_3$ 含量的增加,极化过程中空间电荷的注入量反而呈现大幅增加的趋势,同时电荷消散速率加快,纳米改性硅橡胶试样并未表现出

优异的空间电荷特性。Suh 等[224]向 EPDM 中添加氢氧化铝和蒙脱土纳米颗粒并测量了其复合材料的空间电荷分布情况,发现随着纳米颗粒的填充,空间电荷的积聚情况得到了改善,而且乙烯-乙酸乙烯共聚物(ethylene-vinyl acetate copolymer, EVA)的加入也有效降低了同极性空间电荷的注入。Lee 等[225]发现氢氧化铝填料的粒径与 EPDM 复合材料空间电荷的动态特性密切相关。结果表明,随着填料粒径从 $1.4\mu m$ 增加到 $10\mu m$,同极性空间电荷的积聚先升高后降低,分析其原因是填料粒径改变粒子间的距离进而影响了空间电荷的注入。Fabiani 等[226]分析了粒径为 $5\sim40nm$ 的二氧化钛填充 EVA 复合材料空间电荷的动态特性。结果表明,填料粒径最小的配方体系具有最优异的电气性能,比纯试样或者更大粒径填充的试样具有更少的空间电荷积聚、更低的电阻和更低的活化能。Li 等[227]制备了 EVA/ZnO 纳米复合材料并测量了其在 $25kV/mm$ 的空间电荷动态行为。结果表明,5wt%填充的复合材料能够降低空间电荷的注入,而 10wt%的掺杂比例则在去极化过程中使试样中空间电荷具有更高的消散速率。

到目前为止,通过纳米颗粒掺杂方法有效调控直流电缆附件复合绝缘界面电荷特性的研究鲜有报道。因此,对直流电缆附件纳米复合绝缘界面电荷特性研究还需要大量工作,纳米掺杂能否通过电介质本体改性提升电缆附件复合绝缘体系的综合性能还缺少实验验证;同时需要从微观角度出发,研究空间电荷注入的肖特基势垒、载流子迁移率和纳米界面效应的关系,掌握电导、陷阱参数与界面电荷积聚输运的关联,为开发高压直流电缆附件用纳米复合绝缘材料提供实验和理论支撑。

## 1.6　本书主要内容

高压直流电缆附件绝缘的界面电荷问题是直流电缆发展的瓶颈,因此附件绝缘界面电荷调控是目前亟待研究的重要课题。本书以此为出发点,探讨直流电缆附件绝缘空间和界面电荷特性,以及电树枝生长和击穿特性,采用表层分子结构调控绝缘材料、非线性电导复合材料及纳米复合材料三种调控手段对高压电缆附件绝缘进行改性,论述不同改性方法对硅橡胶和 EPDM 复合材料介电特性、电荷输运及陷阱特性的影响规律;探讨电、磁、热场对电缆附件绝缘电树枝破坏过程的影响规律及机理。

根据上述研究内容,本书 9 章安排如下:第 1 章为绪论,主要介绍本书的研究背景、国内外研究现状和本书研究内容等;第 2 章介绍基于表层分子结构调控的直流电缆附件空间电荷特性;第 3 章和第 4 章分别介绍基于非线性电导的直流电缆附件空间和界面电荷调控方法;第 5 章介绍基于纳米炭黑掺杂的 EPDM/LDPE 界面电荷调控方法;第 6 章介绍高压直流电缆附件绝缘界面电荷调控的数值模拟;

第 7 章介绍脉冲电压对直流电缆附件电树枝生长特性的影响;第 8 章介绍温度对硅橡胶中电树枝老化特性的影响研究;第 9 章介绍硅橡胶纳米复合材料电树枝生长机理及自愈现象研究。

## 参 考 文 献

[1] 刘振亚. 特高压电网[M]. 北京:中国电力出版社,2005:1-10.

[2] 梁旭明,张平,常勇. 高压直流输电技术现状及发展前景[J]. 电网技术,2012,36(4):1-9.

[3] 姚良忠,吴婧,王志冰,等. 未来高压直流电网发展形态分析[J]. 中国电机工程学报,2014, 34(34):6007-6020.

[4] 汤广福,罗湘,魏晓光. 多端直流输电与直流电网技术[J]. 中国电机工程学报,2013,33(10): 8-17,24.

[5] 钟海旺,夏清,丁茂生,等. 以直流联络线运行方式优化提升新能源消纳能力的新模式[J]. 电力系统自动化,2015,39(3):36-42.

[6] 任震. 高压直流输电技术及其发展动向[C]//IEEE 北京分会第一届学术年会,北京,1987: 1-11.

[7] 张一新,王凤鸣,高广淦. 直流输电及其在我国未来电力系统中的发展前景[J]. 高电压技术, 1987,1:87-91.

[8] 曾南超,陶瑜. 葛上直流输电工程的系统研究及调试[J]. 电网技术,1991,3:65-69.

[9] 尚春. 特高压输电技术在南方电网的发展与应用[J]. 高电压技术,2006,32(1):35-37.

[10] 胡艳梅,吴俊勇,李芳,等. ±800kV 哈郑特高压直流控制方式对河南电网电压稳定性影响研究[J]. 电力系统保护与控制,2013,41(21):147-153.

[11] Eriksson K,Graham J. HVDC Light™—A transmission vehicle with potential for ancillary services[C]//SEPOPE,Curitiba,2000.

[12] 王亚,吕泽鹏,吴错,等. 高压直流 XLPE 电缆研究现状[J]. 绝缘材料,2014,47(1):22-25.

[13] 杨柳,黎小林,许树楷,等. 南澳多端柔性直流输电示范工程系统集成设计方案[J]. 南方电网技术,2015,9(1):63-67.

[14] 李岩,罗雨,许树楷,等. 柔性直流输电技术:应用、进步与期望[J]. 南方电网技术,2015, 9(1):7-13.

[15] 严有祥,方晓临,张伟刚,等. 厦门±320kV 柔性直流电缆输电工程电缆选型和敷设[J]. 高电压技术,2015,41(4):1147-1153.

[16] Ghorbani H,Gustafsson A,Saltzer M,et al. Extra high voltage DC extruded cable system qualification[C]//International Conference on Condition Assessment Techniques in Electrical Systems(CATCON),Bengaluru,2015.

[17] Du B X,Xu H,Li J,et al. Space charge behaviors of PP/POE/ZnO nanocomposites for HVDC cables[J]. IEEE Transactions on Dielectrics and Electrical Insulation,2016,23(5): 3165-3174.

[18] Hosier I L,Reaud S,Vaughan A S,et al. Morphology,thermal,mechanical and electrical properties of propylene-based materials for cable applications[C]//International Symposium

on Electrical Insulation(IESI), Vancouver, 2008.

[19] 应启良. 高压及超高压 XLPE 电缆附件的技术进展[J]. 电线电缆, 2000, (1): 3-11.

[20] 冀建波, 郭建, 曹宇, 等. 高压电缆附件用 EPDM 绝缘材料的开发[J]. 世界橡胶工业, 2015, 42(2): 12-16.

[21] 郭思敏, 龚嶷, 徐剑峰, 等. 辐照对用于核电站三元乙丙橡胶性能老化的影响[C]//全国失效分析学术会议, 北京, 2015.

[22] 尹春鹏. EPDM 基非线性复合材料及其在直流电缆终端中的应用[D]. 哈尔滨: 哈尔滨理工大学, 2015.

[23] 赵敏. 一种三元乙丙橡胶基电导非线性绝缘材料[J]. 橡胶工业, 2014, 61(12): 740.

[24] 李文文. 船用乙丙橡胶电缆在线监测及热寿命评估研究[D]. 大连: 大连理工大学, 2015.

[25] 唐斌, 李晓强, 王进文. 乙丙橡胶应用技术[M]. 北京: 化学工业出版社, 2005.

[26] Eigner A, Semino S. 50 years of electrical-stress control in cable accessories[J]. IEEE Electrical Insulation Magazine, 2013, 29(5): 47-55.

[27] Egiziano L, Tucci V, Lupo G, et al. Electrical properties of different composite materials for stress relief in HV cable accessories[C]//International Conference on Electrical Insulation and Dielectric Phenomena(CEIDP), Virginia Beach, 1995.

[28] Cherney E A, Gorur R S. RTV silicone rubber coatings for outdoor insulators[J]. IEEE Transactions on Dielectrics and Electrical Insulation, 1999, 6(5): 605-611.

[29] Yoshimura N, Kumagai S, Nishimura S. Electrical and environmental aging of silicone rubber used in outdoor insulation[J]. IEEE Transactions on Dielectrics and Electrical Insulation, 1999, 6(5): 632-650.

[30] Kim S H, Chereny E A, Hackam R, et al. Chemical changes at the surface of RTV silicone rubber coatings on insulators during dry-band arcing[J]. IEEE Transactions on Dielectrics and Electrical Insulation, 1994, 1(1): 106-123.

[31] 张雅春, 赵志强, 周长城, 等. 硅橡胶在高压电缆附件中的应用[J]. 有机硅材料, 2013, 27(5): 365-367.

[32] 柯德刚. 硅橡胶冷缩式电力电缆附件的应用[J]. 有机硅材料, 2002, 16(6): 11-13.

[33] Jia Z D, Gao H F, Guan Z C, et al. Study on hydrophobicity transfer of RTV coatings based on a modification of absorption and cohesion theory[J]. IEEE Transactions on Dielectrics and Electrical Insulation, 2006, 13(6): 1317-1324.

[34] 罗渝然. 化学键能数据手册[M]. 北京: 科学出版社, 2005.

[35] Kim E S, Kim E J, Shim J H, et al. Thermal stability and ablation properties of silicone rubber composites[J]. Journal of Applied Polymer Science, 2008, 110(2): 1263-1270.

[36] Du B X, Su J G, Han T. Effects of low temperature and nanoparticles on electrical trees in RTV silicone rubber[J]. IEEE Transactions on Dielectrics and Electrical Insulation, 2014, 21(4): 1892-1988.

[37] Cochrance H, Lin C S. The influence of fumed silica properties on the processing, curing, and reinforce-ment properties of silicone rubber[J]. Rubber Chemistry and Technology,

9

1993,66（1）:48-60.

[38] 李如钢,张敏,李金辉. 加成型硅橡胶用补强填料的研究进展[J]. 有机硅材料,2011,25(3):209-212.

[39] Padgham F K, Lawson W G, Metra P. The effect of polarity reversals on the dielectric strength of oil-impregnated paper insulation for HVDC cables[J]. IEEE Transactions on Power Apparatus and Systems,1978,97(3):884-892.

[40] Kiyoji K. Effect of space charge on the breakdown strength under polarity reversal[J]. Electrical Engineering in Japan,1986,106(3):25-33.

[41] Li Y,Takada T. Progress in space charge measurement of solid insulating materials in Japan [J]. IEEE Electrical Insulation Magazine,1994,10(5):16-28.

[42] Maekawa Y, Yamaguchi, Yoshida S, et al. Development of DC ±250kV XLPE cable and factory joints [C]//International Conference on Insulated Power Cable, Paris, 1991: 554-561.

[43] Maekawa Y, Yamaguchi A, Hara M, et al. Development of XLPE insulated DC cable[J]. Electrical Engineering in Japan,1994,114(8):1-12.

[44] Yagi Y,Sakai Y,Mori H,et al. Development of HVDC XLPE cable and accessories[J]. IEEE Transactions on Power and Energy,2014,134(8):665-672.

[45] 李吉晓,张冶文,夏钟福,等. 空间电荷在聚合物老化和击穿过程中的作用[J]. 科学通报,2000,45(23):2469-2475.

[46] Montanari G C. Bringing an insulation to failure:The role of space charge[J]. IEEE Transactions on Dielectrics and Electrical Insulation,2011,18(2):339-364.

[47] Montanari G C, Ghinello I, Peruzzotti F, et al. Endurance characteristics of XLPE compounds under DC voltage[C]//IEEE International Conference on Conduction and Breakdown in Solid Dielectrics,Vasteras,1998:439-442.

[48] Gregory B. Basic principles of accessory design for polymeric power cables[C]//IEE Tow Day Colloquium on Supertension,London,1995:1-6.

[49] Fabiani D,Montanari G C,Laurent C,et al. Polymeric HVDC cable design and space charge accumulation. Part 1:Insulation/semicon interface[J]. IEEE Electrical Insulation Magazine,2007,23(6):11-19.

[50] 张荣,徐操,闻飞. 高压直流 XLPE 绝缘电缆附件设计[J]. 电线电缆,2012,6:41-44.

[51] Kwang S S,Jin H N,Ji H K,et al. Interfacial properties of XLPE/EPDM laminates[J]. IEEE Transactions on Dielectrics and Electrical Insulation,2000,7(2):216-221.

[52] Tanaka T, Ito T, Tanaka Y, et al. Carrier jumping over a patenting barrier at the interface of LDPE laminated dielectrics[C]//IEEE International Symposium on Electrical Insulation, Anaheim,2000:40-43.

[53] 李景德,雷德铭. 电介质材料物理和应用[M]. 广州:中山大学出版社,1992.

[54] Child C D. Discharge from hot CaO[J]. Physical Review,1911,32(5):492-511.

[55] Langmuir I. The effect of space charge and residual gases on thermionic currents in high vacuum[J]. Physical Review,1913,2(6):450-486.

[56] Ahmed N H,Srinivas N N. Review of space charge measurements in dielectrics[J]. IEEE Transactions on Dielectrics and Electrical Insulation,1997,4(5):644-656.

[57] Takada T,Sakai T. Measurement of electric fields at a dielectric/electrode interface using an acoustic transducer technique[J]. IEEE Transactions on Electrical Insulation,1984,18(6):619-628.

[58] Li Y,Yasuda M,Takada T. Pulsed electroacoustic method for measurement of charge accumulation in solid dielectrics[J]. IEEE Transactions on Dielectrics and Electrical Insulation,1994,1(2):188-195.

[59] Tanaka T,Kozako M,Fuse N,et al. Proposal of a multi-core model for polymer nanocomposite dielectrics[J]. IEEE Transactions on Dielectrics and Electrical Insulation,2005,12(4):669-681.

[60] Tanaka T,Imai T. Advances in nanodielectric materials over the past 50 years[J]. IEEE Electrical Insulation Magazine,2013,29(1):10-23.

[61] Nelson J K,Hu Y. Nanocomposites dielectrics-properties and implications[J]. Journal of Physics D:Applied Physics,2005,38(2):213-222.

[62] Nelson J K,Fothergill J C. Internal charge behavior of nanocomposites[J]. Nanotechnology,2004,15(5):286-595.

[63] Tjong S C. Structural and mechanical properties of polymer nanocomposites[J]. Materials Science and Engineering R:Reports,2006,53(3):73-197.

[64] Hori T,Kaneko K,Mizutani T,et al. Effects of electrode on space charge in low-density polyethylene[C]//International Conference on Properties and Applications of Dielectric Materials,Nagoya,2003:855-857.

[65] Zhang C,Mizutani T. Space charge behavior of LDPE with a blocking electrode[C]//IEEE Conference on Electrical Insulation and Dielectric Phenomena,Cancun,2002:614-617.

[66] Hori T,Kaneko K,Mizutani T,et al. Space charge distribution in low-density polyethylene with blocking layer[C]//IEEE Conference on Electrical Insulation and Dielectric Phenomena,Albuquerque,2003:197-200.

[67] 吕亮,方亮,王霞,等. 硅橡胶中空间电荷的形成机理[J]. 中国电机工程学报,2003,23(7):139-144.

[68] Lu L,Fang L,Wang X,et al. Space charge formation in silicone rubber[C]//International Conference on Properties and Applications of Dielectric Materials,Nagoya,2003:669-672.

[69] Bamji S S,Bulinski A T. Luminescence in polymeric insulation and its implication on insulation aging[C]//International Symposium on Electrical Insulating Materials,Himeji,2001:453-458.

[70] Rain P,Nguyenl D H,Sylvestre A,et al. Temperature dependence of space charge behavior in silicone[C]//IEEE Conference on Electrical Insulation and Dielectric Phenomena,Can-

cun,2002:668-671.

[71] Luo M X,Tu Y P,Wang C,et al. Space charge characteristics of HTV silicone rubber after corona aging[C]//IEEE Conference on Electrical Insulation and Dielectric Phenomena,Cancun,2011:56-59.

[72] Prodromakis T, Papavassiliou. Engineering the Maxwell-Wagner polarization effect[J]. Applied Surface Science,2009,255(15):6989-6994.

[73] Yin Y,Gu J,Wang Q H,et al. Investigation of space charge at the interface between the insulation of cable and its accessory[C]//International Symposium on Electrical Insulating Materials,Kyoto,2011:47-50.

[74] Xu Z,Choo W,Chen G. DC electric field distribution in planar dielectric in the presence of space charge[C]//IEEE International Conference on Solid Dielectrics,Winchester,2007:514-517.

[75] Fabiani D,Montanari G C,Laurent C,et al. HVDC cable design and space charge accumulation. Part 3:Effect of temperature gradient[J]. IEEE Electrical Insulation Magazine,2008,24(2):5-14.

[76] Choo W,Chen G,Swingler S G. Electric field in polymeric cable due to space charge accumulation under DC and temperature gradient[J]. IEEE Transactions on Dielectrics and Electrical Insulation,2011,18(2):596-606.

[77] Choo W,Chen G,Swingler S G. Space charge accumulation under effects of temperature gradient and applied voltage reversal on solid dielectric DC cable[C]//IEEE International Conference on the Properties and Applications of Dielectric Materials, Harbin, 2009:946-949.

[78] Fu M,Dissado L A,Chen G,et al. Space charge formation and its modified electric field under applied voltage reversal and temperature gradient in XLPE cable[J]. IEEE Transactions on Dielectrics and Electrical Insulation,2008,15(3):851-860.

[79] 陈曦,王霞,吴锴,等.温度梯度场对电声脉冲法空间电荷测量波形的影响[J].物理学报,2010,59(10):7327-7332.

[80] Wang X,Zheng M B,Chen X,et al. The Effect of temperature gradient on space charge accumulation at SR/XLPE interface under DC stress[C]//IEEE International Conference on Solid Dielectrics,Potsdam,2010:1-4.

[81] 吕亮,王霞,何华琴,等.硅橡胶/三元乙丙橡胶界面上空间电荷的形成[J].中国电机工程学报,2007,27(15):106-109.

[82] 杨毅伟,柳松,彭嘉康,等.拉伸状态下硅橡胶/交联聚乙烯双层介质界面的空间电荷特性[J].绝缘材料,2014,47(5):106-109.

[83] 何华琴,王霞,刘胜军,等.不同拉伸率的乙丙橡胶中空间电荷分布的研究[J].绝缘材料,2006,39(5):40-44.

[84] 王俏华,顾金,吴建东,等.预处理温度对高压直流电缆附件绝缘材料空间电荷的影响[J].电网技术,2011,35(1):123-126.

[85] 雷志鹏.乙丙橡胶绝缘介电性能及其气隙和沿面放电机理的研究[D].太原:太原理工大学,2015.

[86] 杜伯学,李忠磊,杨卓然,等.高压直流交联聚乙烯电缆应用与研究进展[J].高电压技术,2017,43(2):344-354.

[87] Morshuis P H F,Bodega R,Fabiani D,et al. Dielectric interfaces in DC constructions:Space charge and polarization phenomena[C]//International Conference on Solid Dielectrics (ICSD), Winchester,2007.

[88] Morshuis P H F. Interfaces:To be avoided or to be treasured? What do we think we know? [C]//International Conference on Solid Dielectrics(ICSD),Bologna,2013.

[89] 吴叶平,顾金,吴建东,等.挤包绝缘高压直流电缆及附件绝缘性能的研究[J].电线电缆,2011,(6):24-27.

[90] Vu T N, Teyssedre G, Vissouvanadin B, et al. Correlating conductivity and space charge measurements in multi-dielectrics under various electrical and thermal stresses[J]. IEEE Transactions on Dielectrics and Electrical Insulation,2015,22(1):117-127.

[91] 兰莉.温度对聚合物绝缘中空间电荷行为的影响[D].上海:上海交通大学,2015.

[92] Rogti F, Ferhat M. Maxwell-Wagner polarization and interfacial charge at the multi-layers of thermoplastic polymers[J]. Journal of Electrostatics,2014,72(1):91-97.

[93] Chen G, Tanaka Y, Takada T, et al. Effect of polyethylene interface on space charge formation[J]. IEEE Transactions on Dielectrics and Electrical Insulation,2004,11(1):113-121.

[94] 常文治,阎春雨,李成榕,等.硅橡胶/交联聚乙烯界面金属颗粒沿面放电严重程度的评估[J].电工技术学报,2015,30(24):245.

[95] 张宇巍,朱有玉,王霞,等.正交电场下 XLPE/SiR 介质界面空间电荷特性[J].南方电网技术,2015,9(10):52-56.

[96] 王霞,朱有玉,张宇巍,等.界面涂敷料对 XLPE 和 SiR 复合绝缘界面空间电荷特性的影响[J].高电压技术,2016,42(8):2382-2387.

[97] 王霞,姚航,吴锴,等.交联聚乙烯与硅橡胶界面涂抹不同硅脂对其电荷特性的影响[J].高电压技术,2014,40(1):74-79.

[98] 钟海杰,王佩龙,王锦明,等.用于抑制界面空间电荷的直流电缆附件设计[J].高电压技术,2015,41(4):1140-1146.

[99] Gustafsson A, Jeroense M, Sunnegårdh P, et al. New developments within the area of extruded HVDC cables[C]//International Conference on AC and DC Power Transmission(AC-DC),Beijing,2016.

[100] 顾金.柔性高压直流交联聚乙烯(XLPE)电缆及其附件的设计研究[D].上海:上海交通大学,2010.

[101] 朱涛.线性/非线性双层复合介质空间电荷的实验研究[D].哈尔滨:哈尔滨理工大学,2014.

[102] 吕晓德,陈敦利.极性反转时换流变压器绝缘电场特性研究[J].高电压技术,1997,23(1):67-68.

[103] 陈庆国,张杰,高源,等. 混合电场作用下换流变压器阀侧绕组电场分析[J]. 高电压技术, 2008,34(3):484-488.

[104] 汤广福,贺之渊,庞辉. 柔性直流输电工程技术研究、应用及发展[J]. 电力系统自动化, 2013,37(15):3-14.

[105] 梁少华,田杰,曹冬明,等. 柔性直流输电系统控制保护方案[J]. 电力系统自动化,2013, 37(15):59-65.

[106] 李丹,贾琳,许晓菲. 风电机组脱网原因及对策分析[J]. 电力系统自动化,2011,35(22): 11-15.

[107] Tanaka T,Greenwood A. Advanced Power Cable Technology[M]. Boca Raton:CRC Press,1983.

[108] Kitchin D W,Pratt O S. Treeing in polyethylene as a prelude to breakdown[J]. Transactions of the American Institute of Engineers. Part Ⅲ: Power Apparatus and Systems, 1958,77(3): 180-186.

[109] Noto F,Yoshimura N. Voltage and frequency dependence of tree growth in polyethylene [C]//IEEE Conference on Electrical Insulation and Dielectric phenomena,Downingtown, 1974:206-217.

[110] Densley R J. An investigation into the growth of electrical trees in XLPE cable insulation[J]. IEEE Transactions on Dielectrics and Electrical Insulation,1979,14(3):148-158.

[111] Laurent C ,Mayoux C. Analysis of the propagation of electrical treeing using optical and electrical methods[J]. IEEE Transactions on Dielectrics and Electrical Insulation,1980, 15(1):33-42.

[112] Ieda M,Nawata M. Consideration of treeing in polymers[C]//IEEE Conference on Electrical Insulation and Dielectric Phenomena,Buck Hill Falls,1972:143-150.

[113] Champion J V,Dodd S J,Vaughan A S,et al. The effect of voltage,temperature and morphology on electrical treeing in polyethylene blends[C]//Eighth International Conference on Dielectric Materials,Measurement and Applications,Edinburgh,2000:35-40.

[114] Shimizu N,Laurent C. Electrical tree initiation[J]. IEEE Transactions on Dielectrics and Electrical Insulation,1998,5(5):651-659.

[115] Dissado L A. Predicting electrical breakdown in polymeric insulators[J]. IEEE Transactions on Dielectrics and Electrical Insulation,2002,9(5):860-875.

[116] Chen G,Tham C H. Electrical treeing characteristics in XLPE power cable insulation in frequency range between 20 and 500Hz[J]. IEEE Transactions on Dielectrics and Electrical Insulation,2009,16(1):179-188.

[117] Nie Q,Zhou Y X,Xing X L,et al. Influence of frequency on electrical tree initiation in high-density polyethylene[C]//IEEE Conference on International Symposium on Electrical Insulation Materials,Mie,2008,641-644.

[118] Xie A S,Zheng X Q,Li X Q,et al. Investigations of electrical trees in the inner layer of XLPE cable insulation using computer-aided image recording monitoring[J]. IEEE Transactions on Dielectrics and Electrical Insulation,2010,17(3):685-693.

[119] Abderrazzaq M H , Hussin M S , Alhayek K. The effect of high frequency, high voltage supply on the growth of electrical trees on cross linked polyethlyne insulation of power cables[C]//IEEE International Conference on Solid Dielectrics, Bologna, 2013:812-815.

[120] Champion J V, Dodd S J. The effect of material composition and temperature on electrical tree growth in epoxy resins[C]//Eighth International Conference on Dielectric Materials, Measurements and Applications, Edinburgh, 2000:30-34.

[121] Chen X R, Hu L B, Xu Y, et al. Investigation of temperature effect on electrical trees in XLPE cable insulation[C]//Annual Report Conference on Electrical Insulation and Dielectric Phenomena, Montreal, 2012:612-615.

[122] Sekii Y. Initiation and growth of electrical trees in LDPE generated by impulse voltage[J]. IEEE Transactions on Dielectrics and Electrical Insulation, 1998,5(5):748-753.

[123] Sekii Y, Kawanami H, Saito M. DC tree and grounded DC tree in XLPE[C]//IEEE Conference on Electrical Insulation and Dielectric Phenomena, Nashville, 2005:523-526.

[124] Wang J, Yan P, Ren H. Phenomenon of electrical tree in repetitive nanosecond high electrical field pulse[C]//International Conference on High Power Particle Beams, Xi'an, 2008: 1-4.

[125] Liu Y, Cao X L. Electrical tree initiation in XLPE cable insulation by application of DC and impulse voltage[J]. IEEE Transactions on Dielectrics and Electrical Insulation, 2013, 20(5):1691-1698.

[126] 励杭泉,张晨,张帆. 高分子物理[M]. 北京:中国轻工业出版社,2009.

[127] Tanaka Y, Ohnuma N, Katsunami K, et al. Effects of crystallinity and electron mean-free-path on dielectric strength of low-density polyethylene[J]. IEEE Transactions on Electrical Insulation, 1991,26(2):258-265.

[128] 周远翔,王珣,邱东刚,等. 热处理对聚乙烯形态及其电树起始电压的影响[J]. 绝缘材料, 2001,(4):34-37.

[129] 罗晓光,周远翔,梁曦东,等. 聚乙烯熔点对电树起始电压的影响[J]. 高电压技术,2002, 28(6):4-5.

[130] Kamiya Y, Muramoto Y, Shimizu N. Influence of vacuum evacuation on electrical tree initiation in silicone rubber[C]//Conference on Electrical Insulation and Dielectric Phenomena, Kansas City, 2006.

[131] Kamiya Y, Muramoto Y, Shimizu N. Effect of gas impregnation in silicone rubber on electrical tree initiation[C]//Conference on Electrical Insulation and Dielectric Phenomena, Vancouver, 2007.

[132] Zhou Y X, Nie Q, Jiang L X, et al. Influence of curvature radius of needle tip on characteristics of electrical treeing in silicone rubber[J]. Proceedings of the Chinese Society of Electrical Engineering, 2008,(28):27-32.

[133] Nie Q, Zhou Y X, Chen Z Z, et al. Effect of frequency on electrical tree characteristics in silicone rubber[C]//International Conference on the Properties and Applications of Dielec-

tric Materials, Harbin, 2009.

[134] Du B X, Ma Z L, Gao Y, et al. Effect of ambient temperature on electrical treeing charact-
eristics in silicone rubber[J]. IEEE Transactions on Dielectrics and Electrical Insulation,
2011, 18(2): 401-407.

[135] Musa M, Arief Y Z, Abdul-Malek Z, et al. Influence of nano-titanium dioxide (TiO$_2$) on
electrical tree characteristics in silicone rubber based nanocomposite[C]//IEEE Conf-
erence on Electrical Insulation and Dielectric Phenomena, Shenzhen, 2013.

[136] 周杨. 基于模块化多电平换流技术的柔性直流输电系统研究[D]. 杭州: 浙江大学, 2013.

[137] 尚南强. 纳米改性复合液体硅橡胶电导率及直流击穿特性研究[D]. 哈尔滨: 哈尔滨理工
大学, 2014.

[138] Wang H X, He J L, Zhang X G, et al. Electrical tree inception characteristics of XLPE in-
sulation under power-frequency voltage and superimposed impulse voltage[C]//Interna-
tional Symposium on High Voltage Engineering, London, 1999.

[139] Gao Y, Du B X, Ma Z L. Effect of magnetic field on electrical treeing behavior in XLPE
cable insulation[C]//International Conference on Electrical Insulating Materials, Kyoto, 2011.

[140] Rudi K, Andrew D H, Managam R. The self-healing property of silicone rubber after de-
graded by treeing[C]//International Conference on Condition Monitoring and Diagnosis,
Bali, 2012.

[141] 周远翔, 张旭, 刘睿, 等. 硅橡胶电树枝通道微观形貌研究[J]. 高电压技术, 2014, 40(1):
9-15.

[142] 卿凤翎. 高性能含氟聚合物研究应用进展[J]. 宇航材料工艺, 2013, 43(1): 11-14.

[143] Castner D W, Stewart C W. Fluorinated Surfaces, Coatings and Films[M]. Washington
DC: American Chemical Society, 2001.

[144] Ameduri B, Boutevin B. Well-architectured Fluoropolymers: Synthesis, Properties and Ap-
plications[M]. Amsterdam: Elsevier, 2004.

[145] Scheirs J. Modern Fluoropolymers[M]. New York: Wiley, 1997.

[146] Banks R E, Smart B E, Tatlow J C. Organofluorine Chemistry: Principles and Commercial
Applications[M]. New York: Plenum Press, 1994: 57-88.

[147] 周晓东, 孙道兴, 王凤英, 等. 有机氟聚合物的应用研究进展[J]. 有机氟工业, 2003, (2):
24-28.

[148] Lemal D M. Perspective on fluorocarbon chemistry[J]. Journal of Organic Chemistry,
2004, 35(17): 1-11.

[149] Blanksby S J, Ellison G B. Bond dissociation energies of organic molecules[J]. Chem-
inform, 2003, 36(4): 255-263.

[150] 周冰, 张丽叶. 弹性聚四氟乙烯/聚氨酯复合薄膜性能的研究[J]. 中国塑料, 2007, 21(6):
67-70.

[151] 谢苏江. 聚四氟乙烯的改性及应用[J]. 化工新型材料, 2002, 30(11): 26-30.

[152] 邵谦, 王成国, 葛圣松. 含氟聚合物的研究进展[J]. 化学世界, 2007, 48(9): 566-570.

[153] Mickelson E T,Huffman C B,Rinzler A G,et al. Fluorination of single-wall carbon nano-tubes[J]. Chemical Physics Letters,1998,296(1-2):188-194.

[154] Furuya T,Kamlet A S,Ritter T. Catalysis for fluorination and trifluoromethylation[J]. Nature,2011,473(7348):470-477.

[155] 杨宏伟,费逸伟,李源,等. 高分子聚合物表层分子结构调控处理技术研究[J]. 包装工程,2010,31(13):140-142.

[156] An Z,Zhao M,Yao J,et al. Improved piezoelectric properties of cellular polypropylene ferroelectrets by chemical modification[J]. Applied Physics A,2009,95(3):801-806.

[157] An Z,Mao M,Yao J,et al. Fluorinated cellular polypropylene films with time-invariant excellent surface electret properties by post-treatments[J]. Journal of Physics D: Applied Physics,2010,43(41):415302-415308.

[158] An Z,Chen X,Liu C,et al. Significantly reduced fluorination time needed for suppression of space charge in polyethylene by increasing the fluorination temperature[J]. Journal of Physics D:Applied Physics,2012,45(45):385303-385310.

[159] Liu Y,An Z,Cang J,et al. Significant suppression of surface charge accumulation on epoxy resin by direct fluorination[J]. IEEE Transactions on Dielectrics and Electrical Insulation,2012,19(4):1143-1150.

[160] An Z,Xie C,Jiang Y,et al. Suppression effect of surface fluorination on charge injection into linear low density polyethylene[J]. Journal of Applied Physics,2009,105(6):064102-6.

[161] Li C Y,He J L,Hu J. Surface morphology and electrical characteristics of direct fluorinated epoxy-resin/alumina composite[J]. IEEE Transactions on Dielectrics and Electrical Insulation,2016,23(6):3071-3077.

[162] Du B X,Li Z L,Li J. Effects of direct fluorination on space charge accumulation in HTV silicone rubber[J]. IEEE Transactions on Dielectrics and Electrical Insulation, 2016,23(4):2353-2360.

[163] Du B X,Li J,Du W. Surface charge accumulation and decay on direct-fluorinated polyimide/Al$_2$O$_3$ nanocomposites[J]. IEEE Transactions on Dielectrics and Electrical Insulation,2013,20(5):1764-1771.

[164] Du B X,Xing Y Q,Jin J X,et al. Effects of direct fluorination on space charge and trap distribution of PI film in LN$_2$[J]. IEEE Transactions on Applied Superconductivity,2016,26(7):0607405-5.

[165] Du B X,Li J,Du W. Dynamic behavior of surface charge on direct-fluorinated polyimide films[J]. IEEE Transactions on Dielectrics and Electrical Insulation,2013,20(3):947-954.

[166] Du B X,Li X L,Jiang J P. Surface charge accumulation and decay on direct-fluorinated oil-impregnated paper[J]. IEEE Transactions on Dielectrics and Electrical Insulation,2016,23(5):3094-3101.

[167] Qi X,Zheng Z,Boggs S. Engineering with nonlinear dielectrics[J]. IEEE Electrical Insulation Magazine,2004,20(6):27-34.

[168] Kreuger F H. Industrial High Voltage[M]. Delft:Delft University Press,1991.

[169] Wen N C. Theory of conduction of nonlinear ZnO ceramics (Ⅰ) theory of model of conduction[J]. Acta Physica Sinica,1986,35(5):623-632.

[170] Wen N C. Theory of conduction of nonlinear ZnO ceramics (Ⅱ) theory of model of conduction[J]. Acta Physica Sinica,1986,35(5):633-637.

[171] Donzel L,Greuter F,Christen T. Nonlinear resistive electric field grading,Part 2:Materials and applications[J]. IEEE Electrical Insulation Magazine,2011,27(2):18-29.

[172] Christen T,Donzel L,Greuter F. Nonlinear resistive electric field grading part 1:Theory and simulation[J]. IEEE Electrical Insulation Magazine,2010,26(6):47-59.

[173] 何金良,谢竟成,胡军. 改善不均匀电场的非线性复合材料研究进展[J]. 高电压技术,2014,40(3):637-647.

[174] 王兰义,徐政魁,唐国翌. 氧化锌压敏陶瓷粉体的研究进展[J]. 功能材料,2008,39(8):1237-1241.

[175] 谢竟成,胡军,何金良,等. 非线性复合材料对不均匀电场的改善效果仿真分析[J]. 高电压技术,2014,40(3):741-750.

[176] 郭文敏. 聚乙烯/无机填料复合材料非线性电导特性及机理研究[D]. 哈尔滨:哈尔滨理工大学,2010.

[177] 苏虎威. ZnO/聚合物非线性复合材料的研究[D]. 广州:华南理工大学,2014.

[178] Momen G,Farzaneh M. Survey of micro/nano filler use to improve silicone rubber for outdoor insulators[J]. Reviews on Advanced Material Science,2011,27(1):1-13.

[179] Du B X,Li J,Du Q,et al. Surface charge and flashover voltage of EVA/CB nanocomposite under mechanical stresses[J]. IEEE Transactions on Dielectrics and Electrical Insulation,2016,23(6):3734-3741.

[180] Weida D,Richter C,Clemens M. Design of ZnO microvaristor material stress-cone for cable accessories[J]. IEEE Transactions on Dielectrics and Electrical Insulation,2011,18(4):1262-1267.

[181] Mårtensson E,Gäfvert U,Lindefelt U. Direct current conduction in SiC powders[J]. Journal of Applied Physics,2001,90(6):2862-2869.

[182] Donzel L,Schuderer J. Nonlinear resistive electric field control for power electronic modules[J]. IEEE Transactions on Dielectrics and Electrical Insulation,2012,19(3):955-959.

[183] Wang Z,Nelson J K,Hillborg H,et al. Graphene oxide filled nanocomposite with novel electrical and dielectric properties[J]. Advanced Materials,2012,24(23):3134-3137.

[184] Nettelblad B,Mårtensson E,Önneby C,et al. Two percolation thresholds due to geometrical effects:Experimental and simulated results[J]. Journal of Physics D:Applied Physics,2003,36(36):399-405.

[185] Mårtensson E,Gäfvert U,Önneby C. Alternate current conduction in SiC powders[J]. Journal of Applied Physics,2001,90(6):2870-2878.

[186] Mårtensson E. Modeling electrical properties of composite materials[D]. Stockholm:Royal

Institute of Technology,2003.

[187] Wang W Y,Zhang D F,Xu T,et al. Effect of temperature on nonlinear electrical behavior and dielectric properties of (Ca,Ta)-doped $TiO_2$,ceramics[J]. Materials Research Bulletin,2002,37(6):1197-1206.

[188] Zhang X,Chan W,Chung C. Nonlinear dielectric permittivities of PZT/P[VDF(77)-TrFE (23)] 0-3 ferroelectric composite materials[J]. Journal of Functional Polymers,1999, 12(3):251-257.

[189] Zhang X. Estimation of the lifetime of the electrical components in distribution networks [J]. IEEE Transactions on Power Delivery,2007,22(1):515-522.

[190] Auckland D W,Rashid A,Tavernier K,et al. Stress relief by non-linear fillers in insulating solids[C]//IEEE Conference on Electrical Insulation and Dielectric Phenomena(CEIDP), Arlington,1994.

[191] Auckland D W,Su W,Varlow B R. Non-linear fillers in electrical insulation[C]//International Conference on Dielectric Materials,Measurements and Applications (IMDM), Bath,1996.

[192] Wang X,Herth S,Hugener T,et al. Nonlinear electrical behavior of treated ZnO-EPDM nanocomposites[C]//IEEE Conference on Electrical Insulation and Dielectric Phenomena (CEIDP),Kansas,2006.

[193] Pradhan M,Greijer H,Eriksson G,et al. Functional behaviors of electric field grading composite materials[J]. IEEE Transactions on Dielectrics and Electrical Insulation,2016, 23(2):768-778.

[194] Wang X,Nelson J K,Schadler L S,et al. Mechanisms leading to nonlinear electrical response of a nano p-SiC/silicone rubber composite[J]. IEEE Transactions on Dielectrics and Electrical Insulation,2010,17(6):1687-1696.

[195] 韩宝忠,郭文敏,李忠华. 碳化硅/硅橡胶复合材料的非线性电导特性[J]. 功能材料,2008, 39(9):1490-1493.

[196] Xie J C,Hu J,He J L,et al. Effect of silicone rubber polymer composites on nonuniform electric fields of rod-plane gaps[C]//IEEE Conference on Electrical Insulation and Dielectric Phenomena(CEIDP),Shenzhen,2013.

[197] 谢竟成,胡军,何金良,等. 压敏陶瓷-硅橡胶复合材料的非线性压敏介电特性[J]. 高电压技术,2015,41(2):446-452.

[198] Tavernier K,Varlow B R,Auckland D W,et al. Improvement in electrical insulators by nonlinear fillers[J]. IEE Proceedings-Science Measurement and Technology,1999,146(2): 88-94.

[199] Liu C Y,Li K N,Zheng X Q,et al. Discussion on non-linear conductivity characteristics with space charge behavior of modified epoxy for spacecraft[J]. IEEE Transactions on Nuclear Science,2016,63(5):2724-2730.

[200] Liu C Y, Zheng X Q, Peng P. The nonlinear conductivity experiment and mechanism analysis of modified polyimide (PI) composite materials with inorganic filler[J]. IEEE Transactions on Plasma Science, 2015, 43(10): 3727-3733.

[201] 刘晨阳, 郑晓泉, 彭平. 无机微米填料改性聚酰亚胺复合材料非线性电导特性[J]. 高电压技术, 2015, 41(12): 4137-4143.

[202] Sonerud B, Josefsson S, Furuheim K M, et al. Nonlinear electrical properties and mechanical strength of EPDM with polyaniline and carbon black filler[C]//International Conference on Solid Dielectrics(ICSD), Bologna, 2013.

[203] Du B X, Li Z L, Yang Z R. Field-dependent conductivity and space charge behavior of silicone rubber/SiC composites[J]. IEEE Transactions on Dielectrics and Electrical Insulation, 2016, 23(5): 3108-3116.

[204] Strumpler R, Glatz-Reichenbach J. Conducting polymer composites[J]. Journal of Electroceramics, 1999, 3(4): 329-346.

[205] Gubbels F, Jerome R, Teyssie P, et al. Selective localization of carbon black in immiscible polymer blends: A useful tool to design electrical conductive composites[J]. Macromolecules, 1994, 27(7): 1972-1974.

[206] Sumita M, Sakata K, Hayakawa Y, et al. Double percolation effect on the electrical conductivity of conductive particles filled polymer blends[J]. Colloid and Polymer Science, 1992, 270(2): 134-139.

[207] Aharoni S M. Electrical resistivity of a composite of conducting particles in an insulating matrix[J]. Journal of Applied Physics, 1972, 43(5): 2463-2465.

[208] van Beek L K H, van Pul B I C F. Internal field emission in carbon black-loaded natural rubber vulcanizates[J]. Journal of Applied Polymer Science, 2003, 6(24): 651-655.

[209] Bambery K R, Fleming R J, Holbøll J T. Space charge profiles in low density polyethylene samples containing a permittivity/conductivity gradient[J]. Journal of Physics D: Applied Physics, 2001, 34(34): 3071-3077.

[210] 王霞, 王陈诚, 孙晓彤, 等. 高温高场强下 XLPE 及其纳米复合材料电导机制转变的实验研究[J]. 中国电机工程学报, 2016, 36(7): 2008-2017.

[211] Lewis T J. Nanometricdielectrics[J]. IEEE Transaction on Dielectrics and Electrical Insulation, 1994, 1(5): 812-825.

[212] Roy M, Nelson J K, Maccrone R K, et al. Polymer nanocomposite dielectrics-the role of the interface[J]. IEEE Transactions on Dielectrics and Electrical Insulation, 2005, 12(4): 629-643.

[213] Huang X, Xie L, Yang K, et al. Role of interface in highly filled epoxy/BaTiO$_3$, nanocomposites. Part I: Correlation between nanoparticle surface chemistry and nanocomposite dielectric property[J]. IEEE Transaction on Dielectrics and Electrical Insulation, 2014, 21(2): 467-479.

[214] Tanaka T, Vaughan A S. Tailoring of Nanocomposite Dielectrics: From Fundamentals to Devices and Applications[M]. Stanford: Pan Stanford Publishing, 2016.

[215] Dang Z M, Yuan J K, Zha J W, et al. High-permittivity polymer nanocomposites: Influence of interface on dielectric properties[J]. Journal of Advanced Dielectrics, 2013, 3(3): 1330004-8.

[216] Nelson J K. Dielectric Polymer Nanocomposites[M]. New York: Springer, 2010.

[217] Wang X, Lv Z, Wu K, et al. Study of the factors that suppress space charge accumulation in LDPE nanocomposites[J]. IEEE Transactions on Dielectrics and Electrical Insulation, 2014, 21(4): 1670-1679.

[218] Peng S, He J, Hu J, et al. Influence of functionalized MgO nanoparticles on electrical properties of polyethylene nanocomposites[J]. IEEE Transactions on Dielectrics and Electrical Insulation, 2015, 22(3): 1512-1519.

[219] Tian F, Yao J, Li P, et al. Stepwise electric field induced charging current and its correlation with space charge formation in LDPE/ZnO nanocomposite[J]. IEEE Transactions on Dielectrics and Electrical Insulation, 2015, 22(2): 1232-1239.

[220] Zhang L, Zhou Y, Huang M, et al. Effect of nanoparticle surface modification on charge transport characteristics in XLPE/$SiO_2$, nanocomposites[J]. IEEE Transactions on Dielectrics and Electrical Insulation, 2014, 21(2): 424-433.

[221] 周远翔, 郭绍伟, 聂琼, 等. 纳米氧化铝对硅橡胶空间电荷特性的影响[J]. 高电压技术, 2010, 36(7): 1605-1611.

[222] Zhang J W, Li Q Q, Liu H S, et al. Space charge behavior of silicone rubber nanocomposites with thermal step method[J]. Japanese Journal of Applied Physics, 2016, 55(8): 081501-5.

[223] Ma X, Zhang P H, Fan Y, et al. Effect of nanoparticles loading on space charge characteristic of $Al_2O_3$-silicone rubber nanocomposites[C]//International Forum on Strategic Technology(IFOST), Tomsk, 2012.

[224] Suh K S, Park S K, Lee C H, et al. Space charge distributions in EPDM compounds[J]. IEEE Transactions on Dielectrics and Electrical Insulation, 1997, 4(6): 725-731.

[225] Lee C H, Kim S W, Nam J H, et al. Effects of particle size of $Al(OH)_3$ on electrical properties of EPDM compounds[J]. Polymer Engineering and Science, 2000, 40(40): 857-862.

[226] Fabiani D, Montanari G C, Palmieri F. Effect of nanoparticle size on space charge behavior of EVA-$TiO_2$ nanocomposites[C]//IEEE Conference on Electrical Insulation and Dielectric Phenomena(CEIDP), Cancun, 2011.

[227] Li J, Xu H, Du B, et al. Space charge accumulation characteristics in ethylene-vinyl acetate copolymer filled with ZnO nanoparticles [C]//International Conference on Dielectrics (ICD), Montpellier, 2016.

# 第 2 章　基于表层分子结构调控的直流电缆附件空间电荷特性

本章介绍表层分子结构调控装置对硅橡胶复合绝缘、乙丙橡胶复合绝缘和聚乙烯材料的改性方法。采用红外光谱分析、扫描电子显微镜和元素能谱分析对聚合物试样的表层分子结构进行表征,利用 PEA 法空间电荷测量探讨表层分子结构调控聚合物的空间电荷极化和去极化过程中的动态演变过程,探讨表层分子结构改性时间对直流电缆附件绝缘空间及界面电荷积聚和输运特性的影响规律,并根据测量结果分析表层分子结构改性后复合材料的载流子迁移特性和陷阱分布情况,获得载流子迁移率、陷阱特性、表面态与界面电荷注入和输运过程的作用关系,揭示表层分子结构改性对界面电荷积聚的调控机制。

## 2.1　聚合物表层分子结构调控改性方法与表征

### 2.1.1　聚合物表层分子结构调控改性方法

氟气,化学式为 $F_2$,常温下为淡黄色气体,具有极强的氧化性,除全氟化合物外,可以与几乎所有有机物和无机物反应。利用氟气的这个性质对聚合物表层化学结构进行改性,将有机物表面的氢原子置换成氟原子,使得有机物表面的 C—H 键被强极性且键能较高的 C—F 键所取代。

考虑到氟气是一种极具腐蚀性的气体,且有剧毒,会刺激眼、皮肤、呼吸道黏膜,因此为保证实验安全,搭建一个小型的聚合物表层分子结构调控平台,同时实现反应温度、时间以及氟气浓度、压力等实验条件可控。该装置主要由反应气体单元、保护气体单元、反应釜、真空泵、温控单元、尾气处理单元等六个部分组成,平台示意图如图 2-1 所示。

利用表层分子结构调控装置对聚合物绝缘试样表面进行改性处理,具体实验步骤如下(图 2-2):

(1)用酒精擦拭并充分干燥试样后,将试样悬挂在反应釜中,密封反应釜。

(2)打开旋叶真空泵快速抽出反应釜内部空气,直至反应釜上压力表指针达到 -0.1MPa,关闭真空泵;打开氮气瓶减压阀,向反应釜内注入高纯氮气并达到环境气压;再次打开真空泵抽至真空。反复重复上述过程五次后,保证反应釜及管道

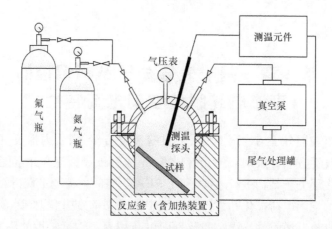

图 2-1 聚合物表层分子结构调控平台示意图

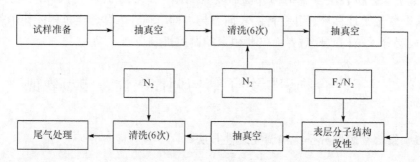

图 2-2 聚合物表层分子结构改性流程图

内的气体彻底排净。

（3）保持反应釜内温度为 25℃，向反应釜内部缓慢充入氟气含量为 20vol％的氟氮混合气，使得反应釜内气压达到 300mbar①，然后向反应釜内充入高纯氮气直至反应釜内气压达到 500mbar（0.5 个标准大气压），得到一定浓度的氟氮混合气并使之与聚合物试样反应。经过一定的反应时间后，打开真空泵将内部残余气体排出。

（4）按照（2）中所述步骤使用高纯氮气反复清洗反应釜，保证氟气完全排出后打开反应釜取出试样。利用上述方法处理得到分别经过 15min、30min 和 60min 表层分子结构改性处理的硅橡胶试样，以及分别经过 15min、30min 和 60min 表层分子结构改性处理的乙丙橡胶试样和经过 30min 处理的 LDPE 试样。

---

① 1bar＝10⁵Pa。

## 2.1.2 表层分子结构调控聚合物性能表征与分析

### 1. 硅橡胶表层分子结构调控表征与分析

甲基乙烯基硅橡胶分子中乙烯基含量极少,可以认为其主要成分为聚二甲基硅氧烷(PDMS),其结构式可表达为

$$\left[ \begin{array}{c} CH_3 \\ | \\ -Si-O- \\ | \\ CH_3 \end{array} \right]_n$$

表层分子结构调控过程中,硅橡胶试样表层分子中的氢元素会被氟元素替代,使得 PDMS 分子中的甲基($-CH_3$)基团发生化学反应形成($-CF_mH_{3-m}$),在不破坏硅橡胶分子链化学结构的情况下在其表层引入氟元素,其结构式可表示为

$$\left[ \begin{array}{c} CF_mH_{3-m} \\ | \\ -Si-O- \\ | \\ CF_mH_{3-m} \end{array} \right]_n \quad (m \leqslant 3)$$

红外光谱分析是聚合物结构定性分析的主要手段之一,衰减全反射红外光谱(attenuated total reflection-infrared spectroscopy,ATR-IR)分析作为红外光谱分析的一种,可表征试样表层化学结构。硅橡胶典型化学键红外光谱吸收峰如表 2-1 所示[1]。

**表 2-1 硅橡胶典型化学键红外光谱吸收峰**

| 化学键或官能团 | 吸收峰/$cm^{-1}$ |
|---|---|
| Si—C 伸缩振动峰 | 800 |
| Si—O—Si 主链不对称伸缩振动峰 | 1000~1100 |
| Si(CH$_3$)$_2$ 变角振动峰 | 1260 |
| —CH$_3$ 不对称伸缩振动峰 | 3000 |

硅橡胶分子中化学键的平均键能见表 2-2[2]。由表可以看到,Si—C 键的键能较小,容易发生断裂;因此,表面分子结构调控过程中,氟气不仅可以与 C—H 键反应形成 C—F 键,也可能会破坏硅橡胶分子中的 Si—C 键;如果反应过于剧烈,甚至会导致分子主链 Si—O 键断裂。因此,对于表层分子结构调控前后的硅橡胶试样红外光谱的分析,可以将 Si—C 键所对应的 1260cm$^{-1}$ 和 800cm$^{-1}$ 处的吸收峰及硅橡胶分子主链 Si—O—Si 的吸收峰作为硅橡胶分子结构是否被破坏的重要标准。

**表 2-2　硅橡胶典型化学键的平均键能**

| 化学键 | C—H | Si—C | Si—O |
|---|---|---|---|
| 键能/(kJ/mol) | 414 | 301 | 447 |

利用 ATR-IR 分析对不同表层分子结构调控时间的硅橡胶试样表层化学结构进行表征以分析其表层分子结构的调控程度，所用设备为 PerkinElmer Spectrum 100 系列傅里叶变换红外光谱仪。图 2-3 为表层分子结构调控时间分别为 0min、20min 和 40min 的硅橡胶试样的红外光谱图。

对比图 2-3(a)、(b)两条谱线可以发现，表层分子结构调控 20min 的硅橡胶试样在 3000cm$^{-1}$ 处的甲基基团—CH$_3$ 不对称伸缩振动峰明显减弱。另外，在 1000～1340cm$^{-1}$ 处出现了一个宽而强的吸收峰，并与 1000～1100cm$^{-1}$ 处的 Si—O—Si 主链反对称伸缩振动峰出现部分重叠，这来源于—CF$_n$ 的吸收峰。另外，表层分子结构调控 20min 硅橡胶试样在 1260cm$^{-1}$ 和 800cm$^{-1}$ 处的吸收峰无明显变化，说明 Si—C 键在表层分子结构调控反应中没有被破坏。这是由于硅橡胶分子内的甲基基团（—CH$_3$）向外排列保护，使得氟气最先与 C—H 键发生反应，从而保护 Si—C 键不易被破坏。

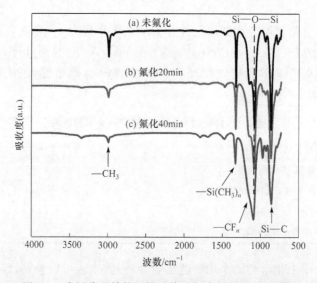

图 2-3　表层分子结构调控硅橡胶复合材料红外光谱图

进一步观察图 2-3 中表层分子结构改性时间为 40min 的硅橡胶试样红外光谱图可以发现，3000cm$^{-1}$ 处的—CH$_3$ 官能团吸收峰进一步减弱，位于 1000～1340cm$^{-1}$ 处的 C—F 键吸收峰显著增强，这表明硅橡胶表面分子中大部分 C—H 键已经被 C—F 取代。同时，过量的氟气进一步与 Si—C 键发生化学反应。可以看到，在 1260cm$^{-1}$ 和 800cm$^{-1}$ 处 Si—C 键的吸收峰较(a)、(b)两条谱线明显减弱，说明此时硅橡胶中的部分侧链被反应釜中过量的氟气所破坏。同时,位于 $1050cm^{-1}$ 的 Si—O—Si 主链反对称伸缩振动峰也有所减弱,表明硅橡胶表层分子主链在表层分子结构调控过程中也发生了断裂。高分子侧链的破坏与主链的断裂会导致硅橡胶试样表层分子发生不对称破坏,同时形成大量断链与小分子等极性基团,进而影响试样介电、空间电荷以及陷阱特性。

红外光谱分析结果表明,表层分子结构调控 20min 后,硅橡胶试样表层分子中的 C—H 键被 C—F 键所取代,引入—CF$_m$ 基团;同时分子中的 Si—O 键与 Si—C 键未发生明显破坏,保证了硅橡胶分子结构的完整性,达到表层分子结构调控的实验目的。

硅橡胶表层分子化学结构的改变也会引起硅橡胶表层形貌发生变化。采用扫描电子显微镜(scanning electron microscope,SEM)观测未经处理硅橡胶试样与表层分子结构调控 20min 硅橡胶试样断面表层的形貌结构,如图 2-4(a)、(b)所示。从图中可以看出,在表层分子结构调控 20min 的硅橡胶试样表层的断面形貌发生明显变化。为进一步确定发生形貌变化的区域为氟化层,使用 EDS(energy dispersive spectroscopy)能谱分析对 SEM 照片图 2-4(a)和(b)中方框区域进行测试,得到硅橡胶试样表层分子结构调控前后的表层原子谱图,分别如图 2-4(c)、(d)所示。从图中可以看出,表层分子结构调控前后的硅橡胶表层元素中都存在大量金元素(Au),这是由于断面经过喷金处理导致观测区域内存在大量的金粉。对比表层分子结构调控前后的表层原子谱图可以发现,表层分子结构调控 20min 的硅橡胶试样表层分子中氟元素占所有元素的 6.52wt%。结合 SEM 结果可以说明,表层分子结构调控处理使硅橡胶表层分子中引入了大量的氟元素,在硅橡胶试样表面形成了一层氟化层,利用 SEM 可以观测到氟化层厚度约为 $2.55\mu m$。

另外需要说明的是,能谱分析图中无法显示氢元素的含量,这是由能谱分析的测量原理决定的。EDS 测量是借助分析试样发出的元素特征 X 射线波长和强度实现的,通过激发芯电子,外层电子补进内层时发射出 X 射线得到数据,并根据波长测定试样所含的元素,根据强度测定元素的相对含量。而氢和氦两种元素均仅有一层电子,没有外层电子跃迁,所以无法测量到其 X 射线。因此,通过 EDS 分析并不能获得表层分子结构调控前后硅橡胶试样表层氢元素的变化情况。

上述实验结果表明,当表层分子结构调控时间为 20min 时,硅橡胶表层分子中的部分氢原子被置换为氟原子,在试样表面形成一层厚度约为 $2.55\mu m$ 的氟化层,进而影响硅橡胶试样的介电性能以及表面和空间电荷动态特性。

2. 乙丙橡胶表层分子结构改性表征与分析

表层分子结构改性的本质是利用具有强氧化性的氟原子替代 EPDM 试样表层分子中的氢原子,表层分子结构改性时间和反应温度决定了氟原子取代氢原子

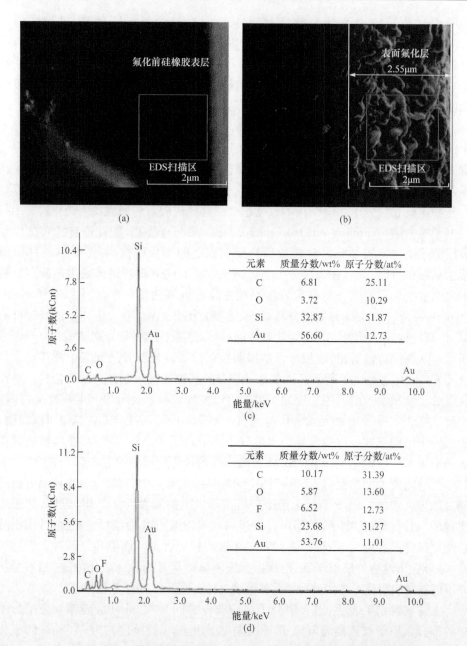

图 2-4  表层分子结构调控硅橡胶复合材料 SEM 图与 EDS 能谱分析结果

的程度,即 EPDM 分子中的(—CH₃)、(—CH₂)和(—CH)化学基团发生化学反应形成(—CF$_m$H$_n$)基团,在不破坏 EPDM 基体分子链化学结构的情况下在其表层引入氟元素。

为了观察表层分子结构改性对 EPDM 结构形貌的改变情况,首先采用 SEM 对 EPDM 试样进行断面观察和元素 EDS 能谱分析。图 2-5(a)、(b)为 EPDM 原始试样和氟化 30min 处理后的断面形貌以及能谱分析。从图中可以看出,在经过 30min 表层分子结构改性处理后,EPDM 试样表层的断面形貌发生了明显变化,由 SEM 图看到氟化 EPDM 的表层区域更明亮,且利用 SEM 图可以测量该薄层厚度约为 2μm,根据 SEM 成像原理可以分析出与基体内部相比该处导电性发生了改变。为进一步确定导致发生形貌变化的原因,对 SEM 图 2-5(a)和(b)中方框区域进行元素能谱分析,得到 EPDM 试样表层分子结构改性前后表层元素的分布情况。从表中可以看出,经氟化处理后的 EPDM 试样表层分子中氟元素质量分数为 5.66wt%,而原始试样中并未出现氟元素,结合 SEM 结果可以说明表层分子结构改性处理使 EPDM 表层分子中引入了大量的氟元素,在 EPDM 试样表面形成了一层氟化物薄层,可以预测该薄层对氟化 EPDM 的性能具有一定作用。

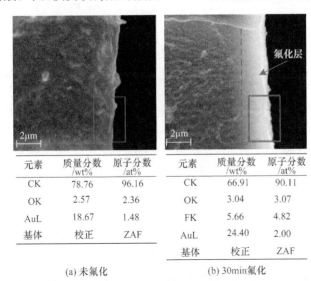

（a）未氟化　　　　　　　　　　（b）30min氟化

图 2-5　表层分子结构改性的 EPDM 断面 SEM 图和能谱分析结果

但是能谱分析的测量原理受限,不能显示氢元素的含量[3]。因此,若想判断表层分子结构改性对 EPDM 中氢元素或者聚合物中 C—H 等化学键的改变情况,需要借助另外一种实验手段。红外光谱分析是聚合物结构定性分析的主要手段之一,衰减全反射傅里叶变换红外光谱(attenuated total refraction Fourier transform infrared spectroscopy,ATR-FTIR)分析作为红外光谱分析的一种,可以通过对不同波数的光吸收情况分析聚合物中的化学键组成,来进一步表征试样氟化层的化学结构,书中采用的红外光谱分析仪为岛津 IRAffinity-1S FTIR Spectrophotometer。通过查阅文献,将未经表层分子结构改性的 EPDM 和 LDPE 典型化学键红外光谱吸收峰分布分别在表 2-3 和表 2-4 列出。

**表 2-3　EPDM 典型化学键红外光谱吸收峰[4]**

| 吸收峰/cm$^{-1}$ | 化学键或官能团 |
| --- | --- |
| 722 | $CH_2$ 中 C—H 平面内弯曲摇摆振动 |
| 1378 | 甲基变形振动 |
| 1465 | 亚甲基的弯曲振动和甲基的非对称弯曲振动 |
| 2850 | 甲基中 C—H 对称伸缩振动 |
| 2920 | 甲基中 C—H 不对称伸缩振动 |

**表 2-4　LDPE 典型化学键红外光谱吸收峰[5,6]**

| 吸收峰/cm$^{-1}$ | 化学键或官能团 |
| --- | --- |
| 722 | $CH_2$ 中 C—H 平面内摇摆振动 |
| 1462 | $CH_2$ 中 C—H 平面内弯曲剪式振动 |
| 2850 | 甲基中 C—H 对称伸缩振动 |
| 2920 | 甲基中 C—H 不对称伸缩振动 |

图 2-6 为经过不同时间表层分子结构改性 EPDM 和 LDPE 的红外光谱图。其中图 2-6(a)为 EPDM 材料经过不同时间表层分子结构改性后的红外光谱图。由图可以看到,原始 EPDM 和 LDPE 试样的红外光吸收峰分布与文献中参考的波数分布一致。同时可以发现,当表层分子改性时间达到 30min 时,在 1000~1300cm$^{-1}$ 处出现一个明显的吸收峰,而且随着氟化处理时间延长,该峰值增大,经查阅,该峰值对应的波数区间即—$CF_n$ 对应的吸收峰[7]。此外可以看到,原来对应—$CH_n$ 的吸收峰峰值随着氟化时间延长而降低,因此可以判断表层分子结构改性处理使表层聚合物发生了—$CH_n$ 到—$CF_n$ 的反应。进一步观察图中氟化时间为 60min 的 EPDM 试样红外光谱图可以发现,2850cm$^{-1}$ 和 2920cm$^{-1}$ 处的—$CH_n$ 官能团吸收峰进一步降低,位于 1000~1300cm$^{-1}$ 处的—$CF_n$ 吸收峰显著增强,这表明 EPDM 中表层分子的 C—H 键进一步被 C—F 键所取代。同时,高分子侧链的破坏与主链的断裂会导致 EPDM 试样表层分子发生不对称的破坏,形成大量断链与小分子等极性基团,进而影响试样介电、空间电荷以及陷阱特性。图 2-6 (b)显示表层分子结构改性同样会使 LDPE 发生以上反应,使其在表面形成由—$CF_n$ 组成的结构。

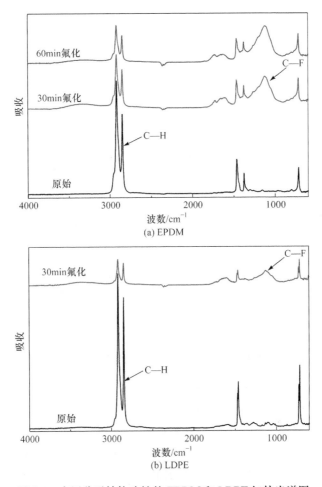

图 2-6　表层分子结构改性的 EPDM 和 LDPE 红外光谱图

# 2.2　表层分子结构调控聚合物介电特性

## 2.2.1　表层分子结构调控硅橡胶复合材料介电特性

图 2-7 为不同表层分子结构调控时间的硅橡胶试样相对介电常数随电压频率的变化关系。从图中可以看到,对于未经表层分子结构调控的硅橡胶试样,其相对介电常数为 2.73~2.78,且随频率的增大而略有减小。硅橡胶作为一种常见的非极性电介质,其相对介电常数一般不随频率变化而变化,但实际上硅橡胶试样在制备的过程中添加了补强填料、结构控制剂、抗撕裂剂与硫化剂等而引入了极性基团,从而使得硅橡胶试样出现高频下介电常数降低的现象。在同一频率下,当表层

分子结构调控时间短于 20min 时,硅橡胶试样的相对介电常数随表层分子结构调控时间的延长而减小;当表层分子结构时间超过 20min 时,试样相对介电常数又迅速增大。

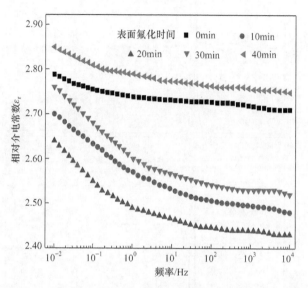

图 2-7　硅橡胶复合材料相对介电常数随频率的变化关系

介电常数测试结果表明,对硅橡胶试样进行 20min 的表层分子结构调控可以使聚合物获得类似于氟化物的低介电常数,这都可以归因于氟原子特殊的原子结构及极化特性。氟原子的 2s 和 2p 轨道与原子核距离特别近,使得氟原子是除氢元素外所有元素中半径最小的原子,同时其原子的 2s 和 2p 轨道与碳原子的相应轨道特别匹配,这也导致氟原子的可极化性特别低。同时,氟原子具有极强的电负性(4.0),使得 C—F 键高度极化,偶极矩大约为 1.44D,但是含氟聚合物具有低的介电常数,这是因为分子中局部的偶极矩会相互抵消导致整个分子没有极性。另外,改性后试样的介电常数随频率的增大而出现较为明显的减小。这是由于 C—F 键的强极化性使其在高频电场下发生介电弛豫而出现介电常数降低的现象。

当表层分子结构调控时间超过 20min 时,继续对硅橡胶进行表层分子结构调控会增大硅橡胶试样的介电常数。结合 2.1 节中红外光谱结果可知,过度的表层分子结构调控会破坏硅橡胶高分子的 Si—O—Si 主链与 Si—C 侧链,在硅橡胶表层形成大量分子断链和小分子等强极性基团,并引起硅橡胶分子结构的不对称破坏,从而导致硅橡胶试样介电常数增大。

## 2.2.2　表层分子结构调控三元乙丙橡胶复合材料介电特性

利用 Novocontrol Concept 80 宽频介电阻抗谱仪测量经过不同时间表层分子

结构改性的 EPDM 和 LDPE 试样的相对介电常数,如图 2-8 所示。从图中可以看到,EPDM 和 LDPE 相对介电常数随频率的增大而略有减小,这是高频下分子本身的惯性和介质的黏滞性造成的介电弛豫现象。未经氟化处理的 EPDM 试样相对介电常数为 2.36～2.37;当表层分子结构改性时间从 0min 到 30min 增加时,工频下 EPDM 相对介电常数从 2.36 降至 2.28;但是随着表层分子结构改性时间的继续增加,相对介电常数反而逐渐增大,当表层分子结构改性时间达到 60min 时,试样相对介电常数达到 2.42。对于 LDPE 试样,经过 30min 表层分子结构改性后工频下相对介电常数从 2.27 降至 2.24。

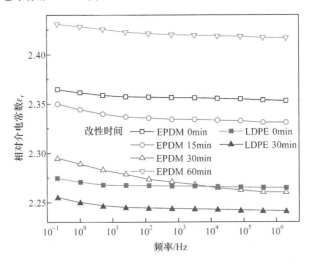

图 2-8　表层分子结构改性的 EPDM 和 LDPE 相对介电常数随频率的变化关系

实验结果表明,一定程度的表层分子结构改性可以降低聚合物的相对介电常数,这归因于氟原子特殊的原子结构及极化特性。烃类化合物的卤代反应中氢原子的反应活性大小顺序为叔氢>仲氢>伯氢,而相应 C—H 键离解能的大小顺序又恰恰相反,因此在轻度氟化时,聚合物分子中被氟原子取代的主要是主链上的叔氢。主链较长而不易移动,且主链上的 C—F 键运动维度有限,因此认为此时氟化对试样相对介电常数的影响应主要考虑氟原子的电子极化,而氟原子的电子极化比氢原子要弱,因此氟化后相对介电常数有所下降。另外,氟化过程中分子链上的自由基也有交联的可能,因此试样表层分子发生交联反应,进一步限制了聚合物分子的取向极化。而且氟原子取代氢原子会增大橡胶类聚合物的自由体积,降低单位体积内的分子数,从而降低聚合物的极化率和相对介电常数[8]。但过度氟化会破坏聚合物基体的规整性,产生新的分子断链和小分子等强极性基团,增大极化程度,此时聚合物的相对介电常数随着氟化时间的延长而显著增大。

## 2.3 基于表层分子结构的聚合物复合材料陷阱调控

聚合物中空间电荷的积聚与消散动态过程,其实质就是电荷的入陷和脱陷过程,这个过程与电介质的陷阱能级分布直接相关。已有的对于电介质陷阱特性的研究均基于热刺激方法,目前研究固体电介质中陷阱特性的方法主要有热刺激电导率、热刺激电流、等温放电电流、热刺激表面电位和热发光等。上述方法以不同物理量作为测量对象而产生了不同的热刺激方法,但其本质都是一样的,即先通过某种途径在电介质中产生偶极极化或形成电荷存储,然后对电介质施加某种刺激(电、热、光、机械力等),使偶极子去极化或使电荷发生入陷、脱陷和复合等过程,通过测量试样表面电位、外电路感应的电流、电子发射和光发射等相关物理量的变化来分析电介质中偶极子活化能等松弛参数或空间电荷及其陷阱参数。本节采用IDC法和表面电位衰减(surface potential decay,SPD)法测量表层分子结构调控硅橡胶和乙丙橡胶的陷阱分布特性。

### 2.3.1 基于等温放电电流的表层分子结构调控硅橡胶陷阱分布特性

图 2-9 为不同表层分子结构调控时间的硅橡胶复合材料的等温放电电流曲线。在去极化过程中,不考虑异号电荷的复合过程,可以认为是存储在电介质内部的电荷发生持续的入陷、脱陷过程,并最终达到两侧电极。在放电过程的初始阶段,大量浅陷阱中的电荷最易发生入陷和脱陷过程而到达电极,进而在外电路中产生较大的放电电流;随着放电过程的继续,浅陷阱中电荷逐渐减少,残余电荷大多处于较深的陷阱中,其脱陷过程逐渐减慢,因此外电路中测量到的放电电流逐渐减小,并最终趋近于零。从图中可以明显地看出,对于五组不同表层分子结构调控时间的硅橡胶试样,其等温放电电流随表层分子结构调控时间的延长呈现先减小后增大的趋势。其中,表层分子结构调控 20min 的硅橡胶试样等温放电电流最小,初始值约为 0.23nA;而表层分子结构调控 40min 的硅橡胶试样等温放电电流最大,初始值约为 1.23nA,远大于未表面处理的硅橡胶放电电流初值 0.62nA。

图 2-10 为基于等温放电电流特性得到的五组试样陷阱能级分布。进一步计算各峰的陷阱深度和密度,如表 2-5 所示。由表可以看出,五组试样陷阱能级变化不大,均为 0.88~0.89eV。这表明表层分子结构调控并未改变硅橡胶试样原有的陷阱深度。而陷阱密度随表层分子结构调控时间的延长而明显改变:随表层分子结构调控时间从 0min 增加到 20min,陷阱密度逐渐降低;当表层分子结构调控时间从 20min 增加到 40min 时,陷阱密度又呈现迅速增大的趋势。表层分子结构调控 20min 的硅橡胶试样陷阱密度仅为 $4.11 \times 10^{19} \, \text{eV}^{-1} \cdot \text{m}^{-3}$,约是未经表面改性

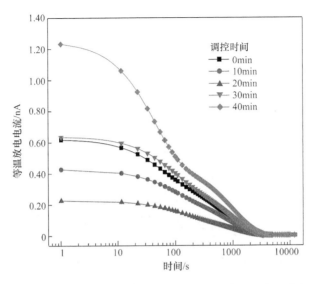

图 2-9　不同表层分子结构调控时间的硅橡胶复合材料等温放电电流

硅橡胶试样总陷阱密度的 1/2；而表层分子结构调控 40min 的硅橡胶试样总陷阱密度最大，为 $14.9 \times 10^{19} eV^{-1} \cdot m^{-3}$。

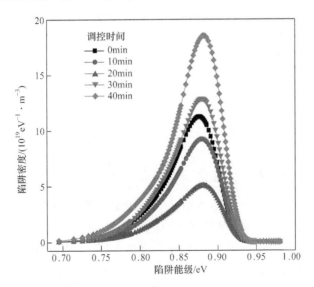

图 2-10　不同表层分子结构调控时间的硅橡胶复合材料陷阱能级分布

表 2-5    不同表层分子结构调控时间的硅橡胶试样陷阱深度与密度计算结果

| 表层分子结构调控时间/min | 陷阱深度/eV | 陷阱密度/(eV⁻¹·m⁻³) |
|---|---|---|
| 0 | 0.88 | $8.89 \times 10^{19}$ |
| 10 | 0.89 | $7.35 \times 10^{19}$ |
| 20 | 0.88 | $4.11 \times 10^{19}$ |
| 30 | 0.88 | $10.4 \times 10^{19}$ |
| 40 | 0.88 | $14.9 \times 10^{19}$ |

实验结果表明,表层分子结构调控 20min 可以明显减小硅橡胶试样的深陷阱密度,其作用机理可以归因于氟化层对试样内部深陷阱的屏蔽作用。固体电介质中存在的结构缺陷和化学杂质在其禁带能隙内引入了局域态陷阱,捕获导带或价带的自由载流子。表层分子结构调控使得试样表面形成一层具有强电负性的氟化层,其具有极强的捕获电子的能力。结合 3.3 节中的氟化层对空间电荷注入过程的影响机理可知,在电极-硅橡胶界面处,氟化层形成一个与外电场方向相反的感应电场,形成电荷阻挡层而明显抑制空间电荷向硅橡胶基体深陷阱中的入陷过程。因此,硅橡胶基体内部的电荷深陷阱被试样表面的氟化层所屏蔽,导致试样深陷阱密度显著下降。

当表面改性时间达到 40min 时,硅橡胶分子的主链与侧链会被过量的氟原子所破坏而形成大量的强极性基团,这些强极性基团作为化学陷阱成为电荷入陷的中心,从而增大硅橡胶试样的陷阱密度。另外,极化过程中,强极性基团电离产生的异极性空间电荷又会降低肖特基电荷注入势垒,加剧硅橡胶基体深陷阱内的电荷入陷过程,导致电荷大量积聚。

### 2.3.2    基于表面电位衰减的表层分子结构调控三元乙丙橡胶陷阱的分布特性

#### 1. 表层分子结构改性时间对 EPDM 表面电荷特性的影响

将 EPDM 试样置于本章中介绍的表面电荷消散测量系统中,电晕充电结束后,迅速将试样移动到表面电位测量探头下方进行测试,近似认为起始电压即电晕结束后试样的表面电位。图 2-11 为 5kV 电晕电压下不同时间表层分子结构改性的 EPDM 表面电位与消散时间的变化关系。从图中可以看出,随着表层分子结构改性时间从 0min 增加到 60min,试样的正、负极性初始表面电位变化不大;表面电位在开始阶段衰减较快,经过一定时间后达到一个平稳阶段,表面电位的衰减非常缓慢;不考虑电晕极性,当氟化时间从 0min 增加到 30min 时,表面电位的衰减速度逐渐加快,并且达到稳定值所需的时间越来越短;但是当氟化时间进一步从 30min 增加到 60min 时,可以看到表面电位的衰减速率有所减慢,而且测试结束时的表面电位相比于 30min 氟化处理有所升高。

通过比较图 2-11(a)与(b)发现，对于氟化处理 60min 的试样，测量结束或消散过程中负极性表面电位与正极性表面电位相比较低。这是由于过度氟化引起的分子断链对负电荷的迁移具有促进作用。而对于其他组的试样，负极性电晕产生的表面电位则较正极性有所升高，认为适度的表层分子结构改性能够使材料表面形成 C—F 键层，会对电子电荷产生吸附效果，等效于减缓了负电荷的迁移和消散过程[9]。

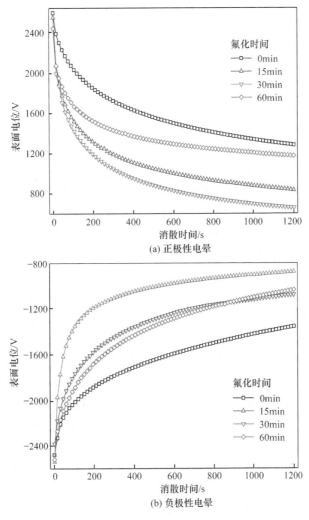

图 2-11　表层分子结构改性的 EPDM 表面电位随消散时间的变化关系

由于去极化电流和试样内部带电粒子的极化密切相关，表层分子结构改性产生的聚合物结构变化会引起样品内部电荷密度或偶极子密度的改变,从而可以通过去极化电流的大小获得材料的极化特性[10]。同时,表面电荷迁移过程中与地电极注入电荷在基体内发生中和,因此去极化电流在一定程度上也能反映表面电荷的消散速率[11]。根据式(2-1),所测得地电极感应电流正比于表面电荷的变化量,而式(2-3)则说明表面电荷密度正比于表面电位值,因此可以用所测得的地电极感应电流描述表面电荷消散的速率,即表面电位变化的快慢。此外,需要说明的是,去极化电流的极性与表面电位极性是相反的。

$$I(t) \propto \frac{\mathrm{d}\sigma(t)}{\mathrm{d}t} \tag{2-1}$$

$$\sigma(t) = \frac{\varepsilon_0 \varepsilon_r V(t)}{d} \tag{2-2}$$

$$I(t) \propto \frac{\mathrm{d}V(t)}{\mathrm{d}t} \tag{2-3}$$

**2. 电晕电压对 EPDM 表面电荷特性的影响**

长期运行在直流电场下,聚合物绝缘表面会积聚大量电荷,表面电荷使绝缘介质原有电场发生畸变,在电压足够高的情况下将引起绝缘的沿面异常闪络;此外,由于输电电压等级越来越高以及系统过电压的存在,需要探讨电晕电压幅值对表面电荷积聚与消散过程的影响规律[12]。图 2-12 为不同电晕电压下 EPDM 表面电位与消散时间的变化关系。从图中可以看出,对于未氟化试样,随电晕电压从5kV 增加到 9kV,试样的初始表面电位从 2450V 增加到 5750V;对于氟化试样,试样的初始表面电位则从 2490V 增加到 6050V;同时,无论是否经过氟化,表面电位在开始阶段都衰减较快,经过一定时间后达到一个平稳阶段,表面电位的衰减非常缓慢;而且随着电晕电压等级的升高,初始表面电位持续增大,表面电位衰减速率也在不断增大,但其终值还是越来越高;此外,在对比图 2-12(a)与(b)时发现,30min 氟化试样在各电压等级电晕下的表面电位终值都比未经处理的试样要小;但是当氟化时间进一步增加到 60min 时,5kV、7kV 和 9kV 电晕下表面电位的衰减速率均逐渐减小,而且测试结束时的表面电位有所升高。上述结果是由于电晕电压等级的升高使电晕更加剧烈,因此注入聚合物表面被陷阱俘获的电荷更多,同时表面电荷积聚的增加使内建电场变大,改变了载流子的迁移率,也增加了表面电荷迁移的动力。

图 2-13 为不同电晕电压下 EPDM 去极化电流与消散时间的变化关系。根据式(2-1)～式(2-3)可知,去极化电流正比于表面电位的衰减速率。从图中可以看出,对于未氟化试样,电晕电压从 5kV 到 7kV 再增加到 9kV 时,初始阶段的试样去极化电流逐渐增大,意味着电荷的消散加快,但是去极化电流的终值先从 3.2pA

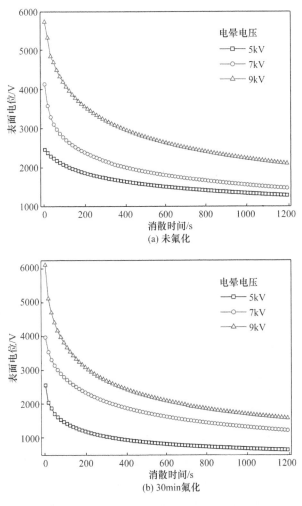

图 2-12 不同电晕电压下 EPDM 表面电位随消散时间的变化关系

增加到 5.5pA 再下降到 5.1pA;对于氟化试样,随电晕电压从 5kV 到 7kV 再增加到 9kV,去极化电流在初始阶段随着电晕电压而增大,其终值从 1.1pA 增加到 6.6pA 再到 5.5pA;同时,无论是否经过氟化,去极化电流的开始阶段都较大,对应表面电荷的快速消散阶段,经过一定时间后达到一个平稳阶段,去极化电流基本不变,对应表面电位的缓慢衰减过程;对比图 2-13(a)与(b)可以看到,氟化试样相对于未经过处理的试样,在各电压等级电晕下的去极化电流都要大。电晕电压等级的升高使局部放电更加剧烈,介质内部的偶极子极化程度更高,因此撤压后的去极化电流更大,同时强场下被聚合物深陷阱所捕获的电荷更多,在电荷消散的最后阶段难以脱陷,致使表面电位下降速度变得非常缓慢,对应去极化电流较小。

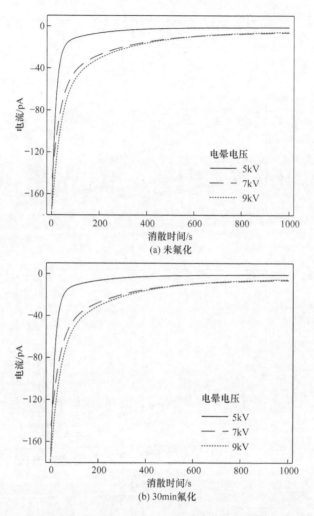

图 2-13　不同电晕电压下 EPDM 去极化电流随消散时间的变化关系

**3. 表层分子结构改性与 EPDM 载流子迁移率的关系**

载流子迁移率是反映电荷在介质内部输运最直观的参数,图 2-14 为不同氟化时间表层分子结构改性的 EPDM 载流子迁移率。从图中可以看出,EPDM 载流子迁移率随着表层分子结构改性处理时间的延长而增大,但是当氟化时间从30min 增加到 60min 时,载流子迁移率出现下降,这与表面电荷消散的趋势一致。

　　有相关文献描述聚合物在电晕下表面带电后电荷的迁移速率是电场的指数函数,即 $\mu = cE^{n-1}(n \geqslant 1)$,其中 $\mu$ 是载流子迁移率,$c$ 是常数,$n$ 是大于 1 的常数,而且 $c$ 和 $n$ 都是取决于材料特性的参数[13-15]。图 2-15 是不同电晕电压下 EPDM 载流子迁移率。对于未氟化的试样,随着外施电压的增加,载流子迁移率略有升高,可见其指数 $n$ 较小;而对于氟化试样,迁移率随外加电场的增强要明显一些,其特征参数 $n$ 较大。

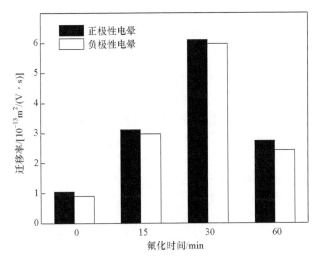

图 2-14　不同氟化时间下表层分子结构改性的 EPDM 载流子迁移率

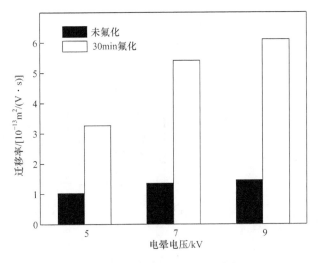

图 2-15　不同电晕电压下 EPDM 载流子迁移率

## 2.4　表层分子结构调控硅橡胶复合材料空间电荷特性

### 2.4.1　表层分子结构调控对硅橡胶复合材料空间电荷极化过程的影响

采用 PEA 空间电荷测量方法对－20kV/mm 直流电场下不同表层分子结构调控的硅橡胶复合材料空间电荷极化特性进行测量。图 2-16、图 2-17、图 2-18 分别给出了极化过程中表层分子结构调控时间分别为 0min、20min、40min 的硅橡胶复合材料空间电荷特性。由图 2-16 可以发现，未经表层分子结构调控的硅橡胶试样极化 10s 后就在阴极侧出现了明显的负极性空间电荷的注入现象，导致阴极电极峰呈现展宽趋势。随着极化时间的延长，空间电荷进一步向试样内部迁移，并被试样内部的深陷阱所束缚。当极化时间达到 1800s 时，试样内有明显的空间电荷积聚现象，最大空间电荷密度超过 2C/m³。另外需要说明的是，硅橡胶试样较厚，导致靠近阴极侧的空间电荷所产生的声脉冲信号在传输过程中发生明显衰减，因此在图 2-16 中阴极电极峰均明显低于阳极电极峰。

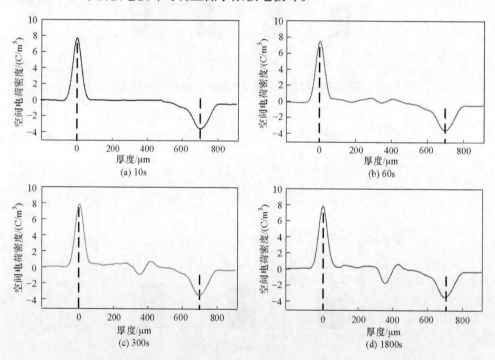

图 2-16　未经表层分子结构调控的硅橡胶试样极化过程中的空间电荷分布

图 2-17 为表层分子结构调控 20min 的硅橡胶试样空间电荷分布情况。与未

经表层分子结构调控的硅橡胶试样相比,在极化 10s 时,阴极处负极性空间电荷的注入现象减弱,阴极电极峰明显变窄。同时,阳极电极峰出现了一个特殊的电荷分布情况。随着极化时间的延长,阴极电极峰出现小幅增宽,表明阴极附近存在少量负极性电荷的注入;同时,阳极处双峰形电荷分布也发生明显变化。观察图 2-17 (a)~(d)中局部放大图可以发现,双峰的波谷位置距离左侧波峰位置约 2μm;同时,双峰形电荷分布随极化时间的延长而逐渐变化。可以发现,在极化时间为 10s 时,左侧波峰高于右侧波峰;随着极化时间延长,左侧波峰逐渐降低,同时右侧波峰不断升高,在极化时间 60s 后右侧波峰超过左侧波峰,并在极化 300s 后阳极附近的空间电荷双峰形状趋于稳定。在极化过程中,试样内部未出现明显的空间电荷注入和积聚现象。结果表明,表层分子结构调控 20min 的硅橡胶试样具有明显的空间电荷抑制特性。

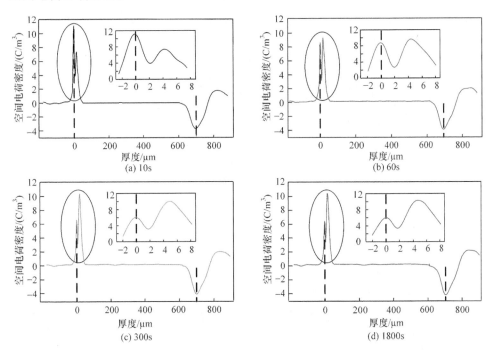

图 2-17　表层分子结构调控 20min 硅橡胶试样极化过程中空间电荷分布

对表层分子结构调控 20min 的硅橡胶空间电荷特性进行多次测量,实验结果均在阳极附近区域出现如图 2-17 所示的双峰形电荷分布,因此排除电荷测量对实验结果的影响。可以推断其特殊电荷分布的原因是硅橡胶试样表面氟化层的引入。在电极-硅橡胶界面处,空间电荷峰主要为界面上的感应电荷,其宽度与高度均受电极附近试样内空间电荷积聚情况的影响,因此氟化层处的电荷分布会导致阳极处空间电荷峰发生变化。氟元素具有一个重要的性质——强电负性。元素的电负性为其原子在化合物中吸引电子能力的标度,氟元素的电负性为 4.0,在所有元素中其电负性最大,这使得硅橡胶氟化层具有很强的吸附电子的能力。在阳极与硅橡胶界面处,氟化层吸引大量电子并束缚其移动,这些被束缚的电子在空间上与阳极-硅橡胶界面处的正极性空间电荷出现叠加,从而导致氟化层区域内正极性空间电荷密度减小,形成了图 2-17 中的空间电荷双峰形分布。对于阴极-硅橡胶界面处的氟化层,其吸引的负电荷与负电极峰极性相同,两者在阴极附近区域上出现重叠,使得阴极处电极峰高度明显高于未改性硅橡胶试样电极峰。另外,结合图 2-4(b)表层分子结构调控 20min 的硅橡胶试样的断面 SEM 图可以发现,氟化层厚度约为 $2.55\mu m$,这与双峰形状中波谷与左侧波峰的间距 $2\mu m$ 非常接近,也进一步证明阳极处的双峰形电荷分布由硅橡胶表面的氟化层所致。

图 2-18 为表层分子结构调控 40min 的硅橡胶试样极化过程中的空间电荷分布图。对比表层分子结构调控 20min 的硅橡胶试样,其阳极处的双峰区域明显展宽,且波谷处空间电荷密度明显降低。这是由于表层分子结构调控时间的增加导致硅橡胶表层氟化层厚度增大,氟原子含量增多,使得氟化层吸附的电子数量显著增加,进而导致束缚电子与阳极电极峰叠加产生的波谷处空间电荷密度明显降低,甚至在极化时间为 10s 时波谷处空间电荷密度出现负值。同时,氟化层厚度的增大也导致双峰形状变宽。

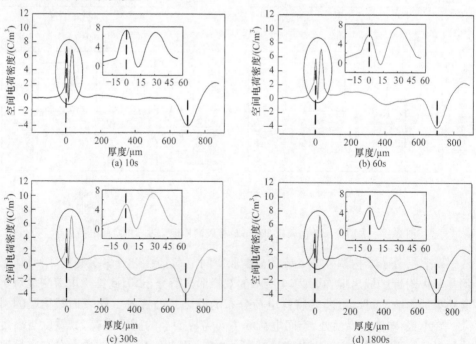

图 2-18　表层分子结构调控 40min 硅橡胶试样极化过程中空间电荷分布

电极-硅橡胶界面处电荷分布的变化导致试样内部空间电荷特性发生明显改变。从图 2-18 中可以发现,极化 60s 时试样内部已经发生明显的空间电荷注入和积聚现象,在两侧电极附近均存在大量同极性电荷和少量异极性电荷。分析认为,空间电荷的来源主要包括电极注入和杂质电离两种,试样内同极性空间电荷主要来源于两侧电极的注入;而电极附近异极性电荷则是由杂质电离所产生的。结合 2.1.2 节中红外光谱分析结果,当表层分子结构调控时间达到 40min 时,硅橡胶表层分子中大量 Si—O—Si 主链与 Si—C 侧链会发生断裂,导致硅橡胶分子发生不对称破坏,并形成大量断链与小分子等强极性基团。这些极性基团在电场作用下发生电离,从而在试样内靠近电极处形成异极性空间积聚。根据肖特基电极效应,电极附近异极性电荷的积聚会增强电极-试样界面处电场,降低由电极向试样注入电荷的势垒高度,促进空间电荷的进一步注入,导致试样内部空间电荷积聚量明显增多。从图 2-18(c)中可以看到,随着同极性电荷的大量注入,其在空间上与杂质电离产生的异极性电荷发生叠加,从而在 $100\mu m$ 和 $600\mu m$ 两个位置附近出现两个明显的拐点。当极化时间达到 1800s 时,试样内部积聚大量的空间电荷,最大空间电荷密度达到 $1.8C/m^3$。对比图 2-16~图 2-18 中三组硅橡胶试样的空间电荷极化过程,表层分子结构调控时间为 40min 的硅橡胶试样的空间电荷特性发生严重劣化。

图 2-19 为极化时间为 1800s 时不同表层分子结构调控时间的硅橡胶试样中电场分布的情况。从图中可以看出,表面氟化 20min 的试样内部几乎没有空间电

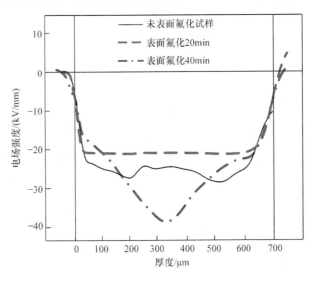

图 2-19　不同表层分子结构调控时间的硅橡胶试样极化过程结束时电场分布

荷积聚,因此其电场分布情况最接近理想的电场分布。与之相比,另外两组试样在极化结束时刻电场分布曲线均远远偏离理想电场。对于未进行表层分子结构调控的硅橡胶试样,其电场在试样两侧靠近电极的区域发生较大畸变。而表层分子结构调控 40min 的试样,其同极性空间电荷的注入更为明显,使得电极-硅橡胶界面处的电场减弱,而试样中间位置电场明显加强。

### 2.4.2　表层分子结构调控对硅橡胶复合材料空间电荷去极化过程的影响

图 2-20 为去极化过程中不同表层分子结构调控时间的硅橡胶试样的空间电荷消散过程中的电荷分布情况。

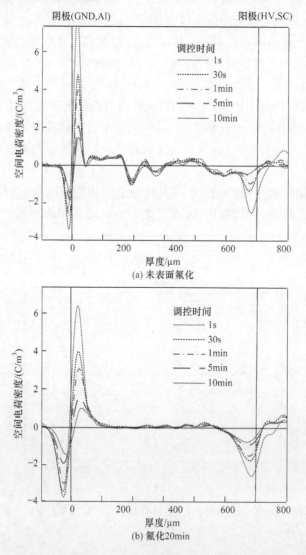

(a) 未表面氟化

(b) 氟化20min

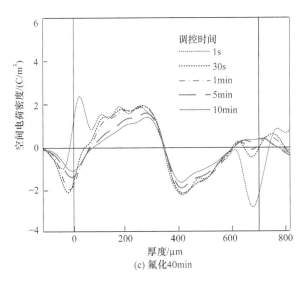

图 2-20　去极化过程中不同表层分子结构调控时间的硅橡胶复合材料空间电荷分布

从图 2-20(a)可以看出,在去极化过程中,未表面改性的硅橡胶试样两侧的同极性空间电荷密度随去极化时间的延长而快速下降,而积聚在试样内部的空间电荷密度下降却极为缓慢;在去极化过程 10min 后,试样内部最大电荷密度仍接近 $1C/m^3$。表明硅橡胶试样内部的空间电荷处于较深的陷阱能级中,很难发生连续的入陷-脱陷过程而向两侧电极移动。

表层分子结构调控 20min 的硅橡胶试样内部几乎没有空间电荷的积聚,其空间电荷主要积聚在试样中靠近两侧电极的区域。在去极化过程中,试样两侧的空间电荷快速消散;在去极化过程结束时,试样两侧区域仅有极少量同极性电荷的积聚。另外,值得注意的是,在极化过程中阳极附近的双峰形电荷在去极化的初始时刻就消失了,这可能是由于氟原子周围电子在去掉外施电场后在极短的时间内就恢复到极化前的无序状态,阳极附近区域只有正极性空间电荷积聚。

对于表层分子结构调控 40min 的硅橡胶试样,在去极化初始时刻,其试样内部积聚有大量的同极性空间电荷。随着去极化时间的延长,试样两侧的空间电荷迅速衰减,而位于试样内部的空间电荷衰减缓慢,特别是试样靠近中心的位置,正负极性空间电荷密度均只发生小幅下降。分析认为试样内部的空间电荷处于较深的陷阱能级中,其很难在自激发电场作用下发生持续的入陷-脱陷过程而到达两侧电极或在试样内部发生中和过程,因此积聚的空间电荷较为稳定,不易发生消散。

### 2.4.3　表层分子结构调控时间对硅橡胶载流子迁移率的影响

根据图 2-20 中三组不同表层分子结构调控时间的硅橡胶复合材料的去极化过程,可以计算出去极化过程中 $t$ 时刻硅橡胶试样内部空间电荷的总量。计算公式为

$$q(t) = S\int_0^L |q_p(x,t)|\,\mathrm{d}x \tag{2-4}$$

其中，$q(t)$ 为 $t$ 时刻试样内空间电荷量；$q_p(x,t)$ 为 $t$ 时刻试样厚度方向上位置 $x$ 处的空间电荷密度；$S$ 为上电极面积；$L$ 为试样厚度。

图 2-21 为不同表层分子结构调控时间的硅橡胶复合材料去极化过程的空间电荷随时间的衰减曲线。三组试样中的空间电荷总量均随时间呈指数下降的趋势。从中也可以明显地看出三组试样中，表层分子结构调控 20min 的硅橡胶试样空间电荷消散最快，而表层分子结构调控 40min 的硅橡胶试样消散最慢，未表面处理的硅橡胶试样介于这两者之间。

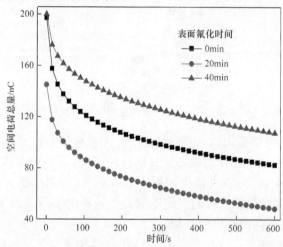

图 2-21　不同表层分子结构调控时间的试样去极化过程中空间电荷的衰减曲线

去极化过程中空间电荷消散过程与载流子迁移率和陷阱深度直接相关。图 2-22 是计算得到三组试样去极化过程中载流子迁移率和陷阱深度的变化规律。由图可以看出，在去极化过程的初始阶段，处于浅陷阱中的空间电荷易发生脱陷，此时其载流子迁移率较大；随着去极化过程的进行，浅陷阱中的电荷逐渐减少，处于较深陷阱中的电荷开始发生脱陷，此时电荷脱陷需要克服较大的势垒，因此其载流子迁移率也随之变小，这就解释了图 2-21 中空间电荷总量开始衰减较快然后逐渐减慢的原因。

对比三组试样可以看出，表层分子结构调控 20min 的硅橡胶试样载流子迁移率远远大于相同时刻下未经表面改性和表面改性 40min 的硅橡胶试样载流子迁移率，这与图 2-20 和图 2-21 中的去极化过程实验结果相一致。而表层分子结构调控 40min 的硅橡胶试样其载流子迁移率最小，表明其内部空间电荷迁移速率最慢，这一点就可以由图 2-22(b) 中陷阱深度来解释。过度的表层分子结构改性会破坏硅橡胶聚合物中分子主链及侧链，形成大量断链和小分子等强极性基团，形成局域态陷阱，导致深陷阱密度增大，阻碍空间电荷的去极化过程。

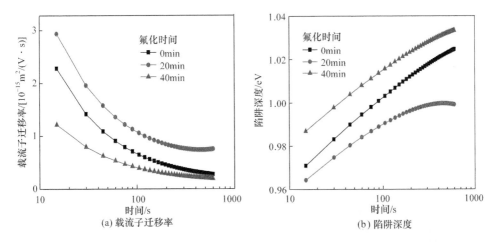

图 2-22　不同表层分子结构调控时间的试样去极化过程中载流子的迁移率和陷阱深度

　　上述极化与去极化过程中空间电荷实验结果表明,表层分子结构调控 20min 的硅橡胶试样具有明显的空间电荷抑制效果,而过度的表层分子结构改性会导致分子结构破坏,形成大量极性基团,加剧空间电荷的注入和积聚。

## 2.5　表层分子结构改性三元乙丙橡胶界面电荷特性

### 2.5.1　(去)极化过程中表层分子结构改性对界面电荷分布的调控

　　图 2-23 为极化过程中不同时间表层分子结构改性的 EPDM/LDPE 空间电荷分布情况。五种不同匹配设置的界面在施加电场后均有负极性空间电荷积聚,与施加在 EPDM 侧电压极性一致。如图 2-23(a)所示,未经表层分子结构改性处理的界面处积聚了大量空间电荷,当极化时间达到 30min 之后,最大电荷密度达到 7.55C/$m^3$;此外,随着加压时间推移,界面处 EPDM 侧出现了同极性空间电荷的积聚。图 2-23(b)为 EPDM 经过 15min 氟化处理后的界面电荷积聚情况,可以看到与未氟化实验组相比界面电荷密度降至 5.31C/$m^3$,表层分子结构改性能够在一定程度上抑制界面电荷的积聚。图 2-23(c)则为 30min 氟化处理的 EPDM 与纯 LDPE 匹配条件下的界面电荷动态特性,发现最大电荷密度降至 3.65C/$m^3$,且极少量的空间电荷能够注入 EPDM 基体中。结果表明,30min 表层分子结构改性能够有效地抑制界面电荷积聚。图 2-23(d)为 EPDM 氟化处理时间为 60min 时的界面电荷积聚情况,看到界面电荷密度反而增大至 6.12C/$m^3$,此时表层分子结构改性已经达到过度氟化的程度,使界面电荷的分布情况恶化。在图 2-23(e)中,当 LDPE 和 EPDM 均经过表层分子改性处理后其变化规律与前四种情况不同,界面电荷密度呈现先增大后略有减小的趋势,同时更多的异极性空间电荷从阴极注入。

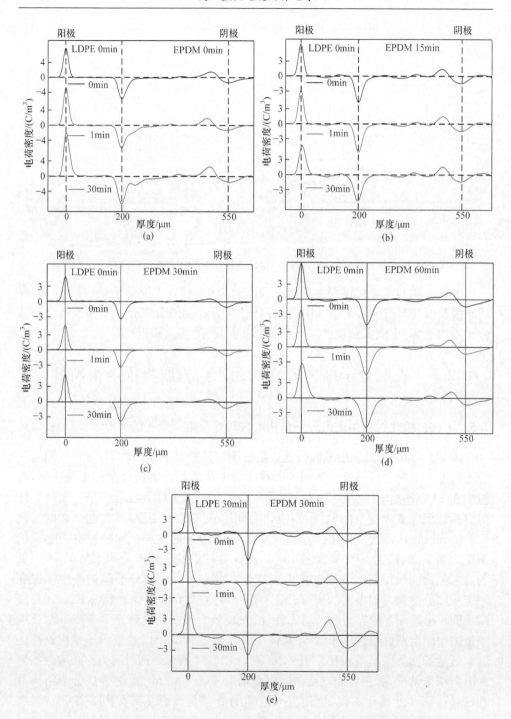

图 2-23　极化过程中表层分子结构改性的 EPDM/LDPE 空间电荷分布情况

为了进一步准确分析表层分子结构改性对复合绝缘界面电荷的影响,本节测试去极化过程中双层介质的空间电荷分布。图2-24是极化1800s撤去电压并短

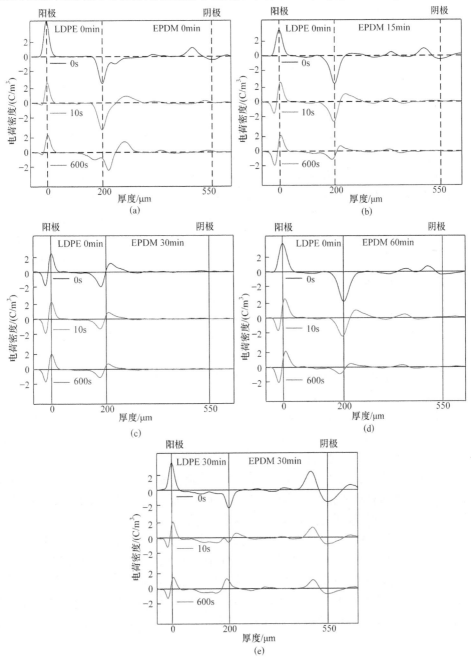

图 2-24　去极化过程中表层分子结构改性的 EPDM/LDPE 空间电荷消散情况

路条件下表层分子结构改性的 EPDM/LDPE 界面电荷消散情况。随着时间的推移，界面电荷在内建电场的作用下分为两个部分，正极性电荷向阴极迁移而负极性电荷向阳极移动。从图 2-24(a) 中可以看到，去极化过程中 LDPE 内的电荷迅速消散，在 600s 后几乎没有残余空间电荷，但是 EPDM 侧的空间电荷消散十分缓慢，残留电荷较多，界面电荷主要通过 EPDM 基体向电极侧迁移。图 2-24(b)、(c) 和 (d) 为经过不同程度表层分子结构改性的 EPDM 和纯 LDPE 试样的界面电荷消散情况。三组实验中界面电荷的消散速率均比纯试样迅速，在前面的表面电位衰减测量结果中已经证明了表层分子结构改性增大了载流子迁移率，因此空间电荷在去极化过程中能够快速地完成输运。对于双层试样均经过氟化处理的界面(图 2-24(e))，可以看到去极化过程中界面电荷的极性发生了翻转，先从负极性减小到零再变为正极性逐渐增大，分析认为双层介质表面 C—F 键层俘获的大量负电荷经 LDPE 快速释放，EPDM 内的正极性电荷则向界面处迁移，导致发生极性翻转现象。

　　从以上空间电荷分布结果中可以看出，表层分子结构改性时间和试样匹配的不同导致界面电荷在积聚和输运过程中有较大差异。为了定量比较界面电荷在极化和去极化过程中的积聚与消散特性，根据式(2-5)计算并比较了界面电荷总量随极化和去极化时间的变化规律。

$$Q = \int_{d_1-\Delta}^{d_1+\Delta} \rho(x) S \mathrm{d}x \qquad (2\text{-}5)$$

其中，$\rho(x)$ 是空间电荷密度；$S$ 是电极的有效面积；$d_1$ 是 LDPE 的厚度；$\Delta$ 设定为 $50\mu\mathrm{m}$[16]。

　　图 2-25 给出了界面电荷总量随极化时间的变化关系。其中未经氟化处理的试样界面处空间电荷总量在极化 30min 后达到 $-175\mathrm{nC}$，远大于其他所有经过表层分子结构改性的实验组中积聚的界面电荷总量，当表层分子结构改性时间分别为 15min、30min 和 60min 时，对应的界面电荷总量为 35nC、20nC 和 37nC，可见表层分子结构完成 C—F 键的置换后，能够在一定程度上抑制空间电荷在界面处的积聚。同时发现未氟化处理的试样界面电荷积聚需要 1000s 达到稳定，氟化处理后的试样界面电荷则在加压后不久便达到平衡，双层介质均经过氟化处理后，界面电荷在加压瞬间就达到了最大值，但随后略有下降。

　　图 2-26 是去极化过程中不同表层分子结构改性的 EPDM/LDPE 界面电荷消散情况。从图中可以看到，界面电荷总量的初始消散速率随着氟化时间从 0min 到 15min 延长而升高，比较明显的是原始试样匹配的界面在整个过程维持一个较快的消散速率，但是当氟化时间达到 30min 时，界面电荷总量的初始值比较小，消散速率缓慢，当氟化时间达到 60min 时，界面电荷总量的初始值有所升高，其消散速率加快，对于双层介质均经过氟化处理的试样，其界面电荷初始值为负，但是随着去极化时间的推移，极性发生了翻转。从整个表层分子结构改性对界面电荷消散的影响规律来看，具有较高初始值的界面电荷消散速率较大。

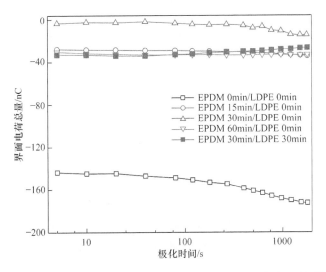

图 2-25　极化过程中表层分子结构改性的 EPDM/LDPE 界面电荷总量随时间的变化关系

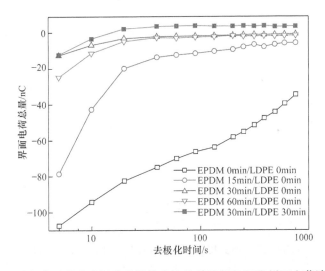

图 2-26　去极化过程中表层分子结构改性的 EPDM/LDPE 界面电荷消散情况

复合绝缘界面电荷的积聚将诱发电场畸变,从而引起局部放电和材料老化,导致电缆附件系统绝缘失效,同时电场分布是高压直流电缆附件设计所需要考虑的重要因素,因此根据泊松方程计算双层介质界面电荷存在时的电场分布:

$$E(x) = -\frac{1}{\varepsilon_0 \varepsilon_{r1}} \int_0^{x_1} \rho(x_1)\,\mathrm{d}x_1 - \frac{1}{\varepsilon_0 \varepsilon_{r2}} \int_{d_1}^{x_2} \rho(x_2)\,\mathrm{d}x_2 \quad (0 \leqslant x_1 \leqslant d_1, \quad d_1 \leqslant x_2 \leqslant d_2)$$

$$(2\text{-}6)$$

其中,$\rho(x)$ 为界面电荷密度;$d_1$、$d_2$ 为 LDPE 和 EPDM 的厚度;$\varepsilon_0$、$\varepsilon_{r1}$ 和 $\varepsilon_{r2}$ 分别为

真空介电常数、LDPE 和 EPDM 相对介电常数;$x$ 为厚度变量[17]。从图 2-27 可以看到－20kV/mm 电场下极化 30min 时表层分子结构改性的 EPDM/LDPE 电场分布情况,发现 LDPE 内电场明显高于 EPDM 内电场,因为在不考虑界面电荷因素时,直流电场下的场强按照电导率的反比分布。计算结果说明,界面电荷的存在使得复合绝缘在不同介质界面处的电场发生了严重畸变。因为界面匹配度的提高和介电常数的改善减少了界面电荷积聚,30min 表层分子改性的 EPDM 有效降低了附件绝缘系统的电场畸变率。然而,60min 氟化处理的 EPDM 使界面电场畸变更加严重,LDPE 绝缘内的电场强度过高,界面处出现了较大的电场梯度,对直流电缆附件界面性能的可靠性是一个严峻考验,可能会诱发局部放电并引起老化和绝缘失效。对于双层介质均经过表层分子结构改性的情况,EPDM 侧积聚的异极性空间电荷使附件绝缘内电场分布极不均匀,对绝缘强度较低的电缆附件来说是极为不利的,因此在电缆附件界面设计时应谨慎考虑该种情况。

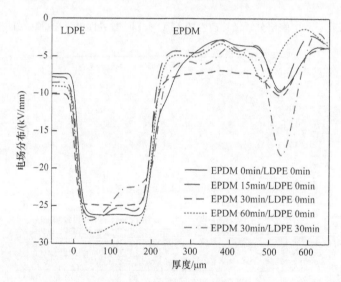

图 2-27　极化 30min 时表层分子结构改性的 EPDM/LDPE 电场分布情况

## 2.5.2　表层分子结构改性与界面陷阱能级分布的关系

聚合物材料的禁带中存在大量陷阱能级,这些陷阱形成的原因较为复杂,内在原因包括分子支链、非结晶区与结晶区界面、极性基团等的影响,外在原因有制备过程引入的杂质以及引起材料结构缺陷的各种物理化学作用。而陷阱能级的改变也会直接影响绝缘材料载流子的迁移和电荷的入陷、脱陷、复合等过程,因此也可以通过分析材料的陷阱能级来推测电介质的微观变化。首先将去极化过程中界面电荷密度的变化过程置于 $\rho(t)$-$\lg t$ 坐标系中,确定消散特征时间 $t_1$ 和 $t_2$,进而得到表层分子结构改性对电缆附件绝缘界面陷阱能级的调控机制。2.5.1 节已经通过计算获得了界面电荷总量随极化和去极化时间的变化规律,本节提取去极化过程中的界面电荷密度作为陷阱能级计算的依据。其中,图 2-28 给出了去极化过程中不同时间表层分子结构改性的 EPDM/LDPE 界面电荷密度变化关系,发现界面电荷密度的下降过程随着表层分子结构改性时间从 0min 到 30min 的增加而加快,从 30min 到 60min 变化时下降过程又放缓了。对于双层均经过表层分子结构改性的试样,其界面电荷密度经历了由负到正的变化,而且对比氟化处理的界面与未处理的实验组结果可以看出,界面电荷密度变化趋势有显著不同,未处理的界面电荷在初始阶段维持一段相对稳定的状态,随后快速下降,而其他实验组中界面电荷密度则在初始阶段下降较快,之后逐渐变慢。

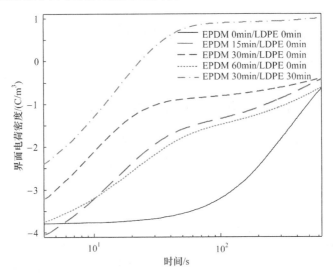

图 2-28　去极化过程中不同时间表层分子结构改性的
EPDM/LDPE 界面电荷密度随时间的变化关系

　　根据上述结果计算得出的复合绝缘界面深陷阱和浅陷阱的结果如表 2-6 所示。由表可以看出,随着氟化时间从 0min 到 30min 延长时,浅陷阱能级从 0.95eV 降至 0.92eV,而深陷阱能级则从 1.03eV 升到 1.10eV;而氟化时间从 30min 到 60min 时,浅陷阱能级同样从 0.92eV 升至 0.93eV,而深陷阱能级则从 1.10eV 降到 1.08eV。去极化过程开始阶段电荷的消散主要是浅陷阱中的电荷脱陷,比较迅速,当浅陷阱内电荷完成脱陷后,深陷阱内的电荷脱陷比较困难,因此界面电荷消散速率减慢。原始试样内陷阱能级分布比较窄,电荷消散趋势相对平缓,而氟化处理后的试样界面电荷脱陷需要克服的平均势垒较小,因此电荷初始阶段的消散速率较快,后期则减慢。界面陷阱是由双层介质所共同决定的,由于表层分子结构改性对聚合物表层的原子置换,降低了 EPDM 的表面态对空间电荷的束缚,一定程度上提高了界面的匹配度,降低了电荷在穿越不同介质界面时的束缚,最终界面电荷的积聚得到有效抑制[18,19]。

表 2-6　20kV/mm 下表层分子结构改性与界面陷阱能级分布的关系

| 界面匹配 | $\Delta_{min}/eV$ | $\Delta_{max}/eV$ |
| --- | --- | --- |
| EPDM 0min/LDPE 0min | 0.95 | 1.03 |
| EPDM 15min/LDPE 0min | 0.93 | 1.07 |
| EPDM 30min/LDPE 0min | 0.92 | 1.10 |
| EPDM 60min/LDPE 0min | 0.93 | 1.08 |

# 2.6　基于表层分子结构改性的直流电缆附件空间及界面电荷调控机理

## 2.6.1　表层分子结构调控对空间电荷极化过程的影响机理分析

上述空间电荷极化过程表明,表层分子结构调控 20min 可以有效抑制硅橡胶复合材料空间电荷的注入和积聚特性,电荷特性的改变归因于硅橡胶试样表面氟化层的形成与氟元素特殊的性质。前面中已经说到,氟元素具有两方面的特性:一是其 2s 和 2d 轨道电子很靠近原子核,使其成为所有原子中除氢原子以外最小的原子;二是氟元素具有强电负性(4.0)[20]。这两方面的特性使得 C—F 键高度极化,偶极矩大约为 1.44D。结合 2.1.2 节中 SEM 与元素能谱分析可知,表层分子结构调控 20min 硅橡胶试样表面形成了厚度为几微米的氟化层,具有很强的吸附电子能力,并束缚电子移动,从而影响硅橡胶试样的空间电荷极化过程。

为进一步阐释表面氟化层对硅橡胶试样空间电荷注入与积聚的影响机理,建立一个表层分子结构调控硅橡胶空间电荷的抑制机理模型,如图 2-29 所示。对于未表面处理的硅橡胶试样,其空间电荷主要来源于两方面:电极注入和杂质电离。在直流电场下,硅橡胶试样靠近两侧电极的区域出现大量同极性电荷和少量异极性电荷;其中,同极性电荷主要是电极注入电荷,而异极性电荷主要来源于杂质电离。一般认为硅橡胶材料中杂质主要来源于试样共混过程和硫化过程中引入的大量极性分子。杂质在直流电场下极易发生电离,产生带电离子并积聚在试样两侧。根据肖特基势垒理论,电极附近异极性电荷的积聚会降低肖特基注入势垒,加速电荷的注入。注入电荷与电离电荷被试样内部的电荷陷阱所束缚,形成空间电荷积聚。对于表层分子结构调控 40min 的硅橡胶试样,其试样表层引入大量的断链和小分子极性基团,其电荷的注入与积聚过程也可以用图 2-29(a)中的模型来表示。

与未进行表面改性的试样相比,过度表面改性试样中存在更多的强极性基团,因而在电场作用下电离产生更多的异极性电荷,使得肖特基注入势垒降低,导致空间电荷的大量注入和积聚。

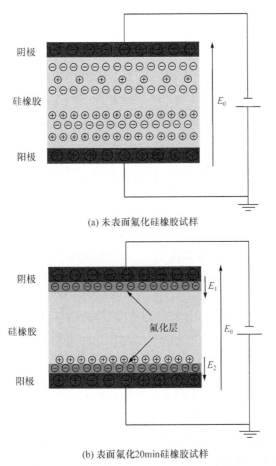

(a) 未表面氟化硅橡胶试样

(b) 表面氟化20min硅橡胶试样

图 2-29　表层分子结构调控硅橡胶空间电荷的抑制机理模型

　　对于表层分子结构调控 20min 的硅橡胶试样,其试样表面形成了一层厚度约为 2.55μm 的氟化层。由于氟元素的强电负性,氟化层会在直流电场下束缚大量电子,如图 2-29(b)所示。对于试样靠近阴极附近的区域,大量电子的积聚会使阴极附近感应出一个与外电场方向相反的电场 $E_1$,抑制进一步杂质电离的发生,并提高肖特基电荷注入势垒。而对于试样靠近阳极附近的区域,氟化层所吸附的电子与试样内部注入的正电荷相叠加后形成双峰形电荷分布。对照图 2-17 中不同极化时间的双峰可以发现,双峰的高度随极化时间的延长而不断变化:在极化时间为 10s 时,左侧波峰高于右侧波峰,可以认为在极化开始阶段(<60s),双峰形电荷

峰的感应电场方向与外电场方向一致,促进正电荷注入;随着极化时间延长,正电荷不断注入,左侧波峰逐渐降低,右侧波峰不断升高;在极化时间 60s 后超过左侧波峰,此时感应电场 $E_2$ 与外电场方向相反,削弱阳极附近的电场强度,起到抑制电荷进一步注入和杂质电离的作用;在极化 300s 后,由于右侧波峰明显高于左侧波峰,进一步抑制电荷注入过程与杂质电离现象,阳极附近的空间电荷双峰形状趋于稳定;直至极化时间达到 1800s 时,试样内部的空间电荷也没有发生明显变化。综合试样两侧氟化层在电极-硅橡胶界面处对电荷注入过程的抑制作用,表层分子结构调控 20min 的硅橡胶试样空间电荷特性得到改善。

### 2.6.2　基于表层分子结构改性的绝缘界面电荷调控机理

根据半导体理论,复合绝缘界面积聚空间电荷的原因需要考虑材料表面态的作用,因为材料的表面特征及电子结构与材料内部有许多不同之处。固体的周期性势场会在表面处突然中断和畸变,这是由晶格突然中断、分子折叠、化学键断裂、离子位错及极化移位等造成的,而为了维持系统的稳定,该处的原子排列必须进行调整,反映在电子结构上即产生了很多附加的电子状态,即表面态[21]。按其成因可分为本征表面态和非本征表面态两类。本征表面态取决于表面的本征性质,包括表面结构、元素组分、表面重构及弛豫。非本征表面态主要受外来影响较多,如吸附或杂质等[22]。聚合物表面本身就是一种结构上的缺陷,表面态的存在将导致介质表面层的陷阱密度增大和能级分布变深,介质的种类不同,表面态深陷阱的能级和密度分布也不同,因此会导致注入电荷在界面附近的积聚[23]。而表层分子结构改性能重新设计聚合物的表面结构以改善表面态对界面电荷的束缚。

根据 Maxwell-Wagner-Sillars 理论,可以通过前面测量的介电常数和电导率预测界面电荷的极性,但是实验结果中界面电荷的建立与消散过程并不严格遵循公式,证明复合绝缘的界面电荷积聚需要考虑表面态的作用。综合表层分子结构改性对聚合物微观表层结构和陷阱能级分布等关键参数的调控结果,其对双层介质空间电荷分布的影响机理可以由图 2-30 简要解释。对于未经氟化处理的试样,电子较容易从阴极注入 EPDM,因为表面态的存在,电子在向界面迁移的过程中被束缚在界面及 EPDM 侧,形成空间电荷积聚。同时,异极性空间电荷增大了电极-介质界面场强,会进一步引发载流子向体内迁移。而 30min 表层分子结构改性处理对界面电荷积聚和同极性电荷注入起到明显的抑制作用。一方面原因是减少空间电荷的注入,第 1 章中介绍氟原子具有极强的电负性,因此聚合物表面的 C—F 键层能够在极化过程中捕获一定的电子形成电荷层,削弱电极-介质界面的有效电场强度,最终减少电极侧同极性空间电荷的注入;另一方面,EPDM 经过表层分子结构改性后,C—H 键被置换为 C—F 键,改变了聚合物表层的物理化学特性,降低了聚合物的表面能,减少了表面态对界面电荷积累的贡献,因此抑制了界面电荷的积聚。但过度氟化会导致聚合物内化学链键或者基团的解裂,破坏 C—F 键层的规整性,空间电荷电极注入势垒的降低造成更大量的载流子向材料内部迁移,C—F键层也失去对电荷注入的屏蔽作用,EPDM 复合材料表面态对电荷的束缚作用增强,最终空间电荷在界面处形成大量积聚。对于 EPDM 和 LDPE 试样均经过30min 表层分子结构改性处理的情况,界面电荷积聚经历了先增大后减小的过程。分析认为,由于界面两侧的介质表面均形成了一定厚度的 C—F 键层,在极化初始阶段界面处积聚了大量电子,随着时间的推移,界面电荷又开始迁移和释放,载流子在界面处的积聚和向另一侧电极的输运达到动态平衡,此时界面电荷的密度略有下降。虽然双层试样均经过氟化处理所设计的界面与 EPDM 单独经过 30min表层分子结构改性的界面相比,界面电荷也得到一定的抑制,但电场均化效果与之相比较差。

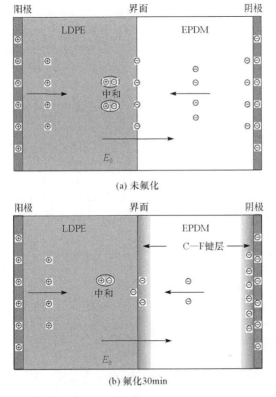

(a) 未氟化

(b) 氟化30min

图 2-30　表层分子结构改性对双层介质空间电荷分布的影响机理

## 参 考 文 献

[1] 胡皆汉.实用红外光谱学[M].北京:科学出版社,2011.
[2] 罗渝然.化学键能数据手册[M].北京:科学出版社,2005.
[3] 王英姿,侯宪钦.带能谱分析的扫描电子显微镜在材料分析中的应用[J].制造技术与机床, 2007,(9):80-83.

[4] 吴静,陈玲,杨青,等. 通用橡胶材料红外光谱分析(二)[J]. 中国橡胶,2012,28(5):46-48.

[5] 田付强. 聚乙烯基无机纳米复合电介质的陷阱特性与电性能研究[D]. 北京:北京交通大学,2012.

[6] 叶青. 不同纳米颗粒复合低密度聚乙烯的空间电荷特性研究[D]. 北京:北京交通大学,2012.

[7] 郭亚光. 聚合物纳米复合电介质绝缘破坏机理研究[D]. 天津:天津大学,2015.

[8] Hougham G,Tesoro G,Viehbeck A. Influence of free volume change on the relative permittivity and refractive index in fluoropolyimides[J]. Macromolecules,1996,29(10):3453-3456.

[9] An Z,Xiao H,Liu F,et al. Improved resistance of epoxy resin to corona discharge by direct fluorination[J]. IEEE Transactions on Dielectrics and Electrical Insulation,2016,23(4):2278-2287.

[10] 杨雁,杨丽君,徐积全,等. 用于评估油纸绝缘热老化状态的极化/去极化电流特征参量[J]. 高电压技术,2013,42(2):336-341.

[11] Li J Y,Zhou F S,Min D M,et al. The energy distribution of trapped charges in polymers based on isothermal surface potential decay model[J]. IEEE Transactions on Dielectrics and Electrical Insulation,2015,22(3):1723-1732.

[12] 张盈利. 高压直流复合绝缘子表面电荷的观测及其影响因素的研究[D]. 长沙:湖南大学,2014.

[13] Wintle H J. Surface charge decay in insulators with nonconstant mobility and with deep trapping[J]. Journal of Applied Physics,1972,43(7):2927-2930.

[14] Schein L B,Peled A,Glatz D. The electric field dependence of the mobility in molecularly doped polymers[J]. Journal of Applied Physics,1989,66(2):686-692.

[15] Chen G. A new model for surface potential decay of corona-charged polymers[J]. Journal of Physics D:Applied Physics,2010,43(5):55405-55411.

[16] Chen G,Xu Z Q. Charge trapping and detrapping in polymeric materials[J]. Journal of Applied Physics,2009,106(12):123707-5.

[17] Chong Y L,Chen G,Ho Y F F. Temperature effect on space charge dynamics in XLPE insulation[J]. IEEE Transactions on Dielectrics and Electrical Insulation,2007,14(1):65-76.

[18] Engstrom O,Alm A. Energy concepts of insulator-semiconductor interface traps[J]. Journal of Applied Physics,1983,54(9):5240-5244.

[19] Rogti F. Effect of temperature on formation and stability of shallow trap at a dielectric interface of the multilayer[J]. Journal of Electronic Materials,2015,44(12):4655-4662.

[20] Pauling L. The nature of the chemical bond. IV. the energy of single bonds and the relative electronegativity of atoms[J]. Journal of the American Chemical Society,1931,54(9):3570-3582.

[21] 黄玉东. 聚合物表面与界面技术[M]. 北京:化学工业出版社,2003.

[22] 熊欣,宋常立,仲玉林. 表面物理[M]. 沈阳:辽宁科学技术出版社,1985.

[23] Rogti F,Ferhat M. Effect of temperature on trap depth formation in multi-layer insulation:Low density polyethylene and fluorinated ethylene propylene[J]. Applied Physics Letters,2014,104(3):754-767.

# 第3章 基于非线性电导的直流电缆附件空间电荷调控方法

## 3.1 碳化硅粒子填充硅橡胶复合材料的制备与结构表征

### 3.1.1 碳化硅粒子填充硅橡胶复合材料的制备方法

使用中蓝晨光化工研究设计院有限公司生产的甲基乙烯基硅橡胶生胶作为基体,其是在二甲基硅橡胶的侧链上引进少量乙烯基而得到的一种硅橡胶原料,是目前硅橡胶复合绝缘材料的最佳基体材料。相比于二甲基硅橡胶,其具有更高的硫化活性,硫化过程更为均匀。选用生胶中乙烯基含量为 $0.07\mathrm{mol}\%^{①}\sim$ $0.12\mathrm{mol}\%$。以纳米 $SiO_2$ 作为补强填料,以六甲基二硅氮烷作为结构化控制剂,以多乙烯基硅油作为抗撕裂剂,以双二五硫化剂作为硫化剂,制备高温硫化硅橡胶复合材料。其中,六甲基二硅氮烷作为结构化控制剂有两方面的作用:一是通过结构控制剂一端的亲无机基团嫁接在纳米粒子表面,对纳米 $SiO_2$ 进行表面修饰,减小粒子的表面能,改善纳米粒子在硅橡胶基体中的分散性;二是结构化控制剂可以与 $SiO_2$ 表面的羟基发生化学反应从而取代部分羟基,抑制其与硅橡胶分子的 Si—O 键或端硅羟基作用生成氢键,达到预防结构化的目的。在此基础上,添加 $20\mathrm{wt}\%$ 粒子晶型为 $\alpha$ 型,平均粒径为 $0.45\mu\mathrm{m}$ 的 SiC 粒子,利用物理共混法制备不同 SiC 粒子填充含量的硅橡胶胶料,并热压成型制备高温硫化硅橡胶试样。

制备过程使用双辊共混和热压成型方法制备高温硫化硅橡胶试样。采用双辊共混法可以保证补强填料、结构化控制剂、交联剂和其他添加剂在硅橡胶基体中充分混合;采用热压成型工艺可以有效控制硅橡胶试样的厚度,方便各项实验进行。硅橡胶复合材料具体制备过程如下:

(1) 将纳米 $SiO_2$ 置于 60℃的烘箱中烘干 12h,以去除颗粒中的水分。

(2) 打开双辊混炼机辊筒加热电源对辊筒进行加热,保持辊筒温度约为 40℃。实验中所使用的双辊混炼机前后辊筒转速比为 1:1.27,调节前辊转速为 30r/min。调整辊距和挡板间的距离,将适量硅橡胶生胶靠主动轮一端投入,混炼 2~3min

---

① mol% 为摩尔分数的单位。

后取出,以达到清洗双辊的目的。

(3) 将 100phr(parts per hundreds of rubber,即每百份橡胶)硅橡胶生胶靠主动轮一端投入,混炼 3min,使橡胶均匀黏辊。

(4) 称取 20phr 的纳米 $SiO_2$,将其分成 5 份后逐步加入硅橡胶基体中,具体操作为:先以 4.0phr $SiO_2$ 缓慢加入硅橡胶基体中,再用滴管取 1.0phr 六甲基二硅氮烷滴入硅橡胶基体中,混炼 3min,以保证六甲基二硅氮烷与 $SiO_2$ 充分反应。按上述步骤再依次加入 4 份 4.0phr $SiO_2$ 与 1.0phr 六甲基二硅氮烷。待其全部加入后继续混炼 10min 使胶料混炼均匀,得到 $SiO_2$ 含量为 20wt% 的硅橡胶料。

(5) 称取 1.3phr 多乙烯基硅油并加入已混炼均匀的硅橡胶料中,继续混炼 10min。

(6) 称取一定质量分数的 SiC 粒子缓慢加入已制备好的硅橡胶胶料中,混炼 20min 使其在硅橡胶中充分分散。称取 1.0phr 双 2,5 硫化剂加入混炼机中,混炼 10min 使其在硅橡胶中充分分散均匀后打卷下片得到非线性 SiC 粒子填充硅橡胶胶料。

(7) 称取适量胶料,放于两层 PET 薄膜间。将高温热压成型机的模具预热至 160℃,将胶料放入模具,在 160℃、10MPa 的条件下热压 15min。待试样完全冷却后取出胶片。

(8) 将成型后的胶片悬挂于鼓风烘箱中,在 200℃下继续硫化 4h,得到 $SiO_2$ 含量为 20wt% 的硅橡胶复合材料样片。

### 3.1.2　SiC/硅橡胶复合材料的表征

采用 SEM 对不同 SiC 含量的 SiC/硅橡胶复合材料的自然断面进行观测,以观察 SiC 粒子在硅橡胶基体中的分散情况,如图 3-1 所示。从图中可以看出,SiC 粒子在硅橡胶基体中无明显团聚,单个 SiC 颗粒的粒径均在 $1\mu m$ 以下,粒子均匀分散在硅橡胶基体中,表明 SiC/硅橡胶复合材料制备成功。另外,对比图 3-1(a)~(d)可以发现,当 SiC 粒子含量为 10wt% 时,SiC 粒子间彼此相互独立;随着粒子质量分数增大,SEM 图片中 SiC 粒子明显增多,粒子间距也逐渐减小。特别是当 SiC 含量超过 50wt% 时,SiC 粒子在硅橡胶基体中形成了较为明显的网络结构,将改变硅橡胶试样的电荷输运与陷阱能级分布等微观、介观特性,进而影响复合材料直流电导率与空间电荷等宏观特性。

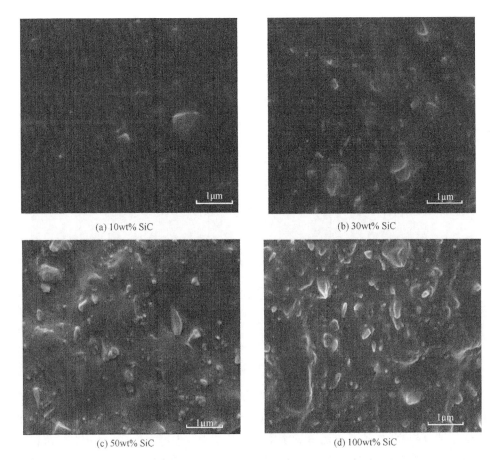

(a) 10wt% SiC

(b) 30wt% SiC

(c) 50wt% SiC

(d) 100wt% SiC

图 3-1　不同 SiC 粒子含量的 SiC/硅橡胶复合材料断面微观形貌

## 3.2　SiC/硅橡胶复合材料非线性电导特性

### 3.2.1　粒子含量对 SiC/硅橡胶复合材料非线性电导特性的影响规律

图 3-2 是不同 SiC 粒子含量的硅橡胶复合材料直流电导率-电场强度特性。对于纯硅橡胶试样,当施加较低电场强度(<20kV/mm)时,其电导电流与所施加电压应服从欧姆定律,可以认为其电导率并不随电场强度的变化而变化。而实际的硅橡胶试样在制备过程中由于加入了补强剂、结构控制剂、硫化剂等而引入了大量极性基团。因此,从图中可以发现其直流电导率随施加电场强度的增大而略有增大。当施加电场强度超过 20kV/mm 时,试样电导率随电场强度的提高而出现明显的增大。这是由于此时试样中出现了明显的 SCLC 效应。根据莫特-格尼定

律[1]，此时空间电荷限制电流与电压的平方成正比，其电流密度可表示为

$$J_S = \frac{9}{8}\varepsilon_0\varepsilon\mu\frac{E^2}{d} \tag{3-1}$$

其中，$E$ 为平均电场强度；$d$ 为试样厚度。空间电荷限制电流导致纯硅橡胶试样的高场非欧姆电导，其与非线性复合材料电导机理完全不同。

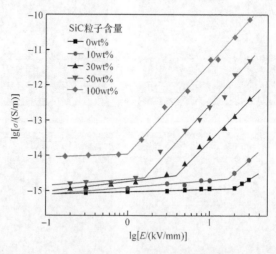

图 3-2　不同 SiC 粒子含量的硅橡胶复合材料直流电导率-电场强度特性

　　对于 SiC 含量为 10wt％的试样，其电导率相比纯硅橡胶试样略有增大，这是由于填充到硅橡胶基体中的 SiC 粒子在直流电场作用下发生电离，使得试样中的载流子浓度提高，导致其直流电导率增大。从图 3-2 中可以看到，10wt％试样的直流电导率特性与纯硅橡胶试样具有非常相似的趋势，在较低电场下电导率基本保持不变，而在较高电场强度（>10kV/mm）下发生 SCLC 效应而产生电导率非线性增大现象，这表明 10wt％的 SiC 填充并没有从根本上影响硅橡胶试样的电导特性。根据经典逾渗模型，当聚合物中导电或半导电颗粒填充含量较低时，其内部填料颗粒间距较大，因而在空间上彼此独立，这使得载流子很难在相邻的填充颗粒之间发生跃迁，此时复合材料的电导率依然取决于聚合物基体的电导特性。

　　而对于 SiC 含量为 30wt％、50wt％和 100wt％三组试样，其不同电场下的直流电导率都远远大于纯硅橡胶和 10wt％试样。可以发现，在低电场强度下，试样电导率处于欧姆区，电导率均基本保持恒定。而当施加的电场强度超过某一临界值后，30wt％、50wt％和 100wt％三组试样的电导率均随电场的增大而呈现指数性增大。同时，在相同电场强度下，随着 SiC 质量分数的增大，复合材料的电导率不断增大。对比这三组试样与 10wt％和纯硅橡胶试样的非线性"拐点"电场强度可以发现，非线性电导率的临界电场强度明显降低，这表明导致其呈现非线性电导特性的原因并不是高场 SCLC 效应。

　　为进一步分析 SiC 质量分数对硅橡胶电导的影响规律,对各组试样的电导率数据做如下处理。以 50wt%试样为例,当电场强度小于 1kV/mm 时,电导率处于欧姆区;当施加电场强度超过 $10^{1.5}$ kV/mm 时,其电导率随电场强度增大而迅速增大,因而称此区域为非线性区。对低场(<10kV/mm)和高场(>$10^{1.5}$ kV/mm)区域内不同电场下的电导率分别做回归线即可得到 lg$\sigma$-lg$E$ 曲线,如图 3-2 所示。由图可以发现,对每一组 lg$\sigma$-lg$E$ 曲线而言,两条回归线交于一点,这一点所对应的横坐标值即定义为阈值电场。另外,非线性区内电导率可以用如下公式表示:

$$\sigma = \alpha E^{\beta} \tag{3-2}$$

其中,$\sigma$ 为电导率,S/m;$E$ 为电场强度,kV/mm;$\alpha$ 为与电导率相关的常数;$\beta$ 为非线性系数,可表征电导率随电场强度变化的大小。

　　对式(3-2)取对数后可以得到

$$\lg\sigma = \lg\alpha + \beta\lg E \tag{3-3}$$

　　由式(3-3)可见,非线性系数 $\beta$ 即为图 3-2 中 lg$\sigma$-lg$E$ 曲线的斜率。

　　对不同 SiC 含量的硅橡胶试样做如上处理后即可得到各组试样非线性电导率的阈值电场强度和非线性系数,见表 3-1。

表 3-1　不同质量分数的 SiC/硅橡胶复合材料非线性电导率的阈值电场强度和非线性系数

| SiC 粒子含量/wt% | 阈值电场强度/(kV/mm) | 非线性系数 $\beta$ |
| --- | --- | --- |
| 30 | 4.0 | 0.97 |
| 50 | 1.4 | 1.04 |
| 100 | 0.9 | 1.07 |

　　由表 3-1 可以看出,SiC 含量为 30wt%、50wt%和 100wt%三组试样的阈值电场强度分别为 4.0kV/mm、1.4kV/mm 和 0.9kV/mm,远远小于纯硅橡胶和 10wt%试样的阈值电场强度(20.0kV/mm 和 15.0kV/mm)。同时,随着 SiC 含量的增加,非线性阈值电场强度逐渐减小,非线性系数逐渐增大。研究认为,含量大于 30wt%的 SiC 颗粒加入使得硅橡胶复合材料具有非线性电导特性。与低填充浓度时相比,高浓度颗粒填充使得 SiC 粒子间距随填充含量的增大而迅速减小,使填充颗粒形成了贯穿硅橡胶基体的网络结构,载流子可以在电场作用下在填充颗粒之间迁移。

## 3.2.2　粒子含量对 SiC/硅橡胶复合材料非线性电导特性的影响机理

　　图 3-3 是典型的填充型非线性电导复合材料的电导率-电场强度曲线[2]。从图中可以看出,随着试样外施电场的不断增大,试样的直流电导率可以被划分为四个区域,分别为欧姆区、非线性区、饱和区和击穿区。在本节的研究工作中,主要研究其非线性区及其临界电场。

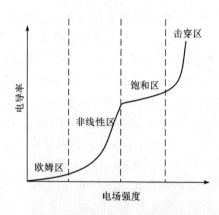

图 3-3　非线性电导复合材料电导率-电场强度曲线

对于非线性电导复合材料,其非线性区的电导率及其临界电场与许多因素有关,包括聚合物基体的性质、填充颗粒的性质以及填充颗粒与基体间的界面性质。对于本节的 SiC/硅橡胶复合材料,其可以视为由大量 SiC 晶粒相与硅橡胶绝缘晶界相构成的复合电介质。在其导电过程中,晶粒内为导带的扩展态电导率;而在电介质晶界处为局域态的跳跃电导率,其电荷的迁移率很低;在晶粒与晶间相的界面处,界面势垒的特性决定了其电导特性。介观层面上 SiC 晶粒相与绝缘晶界相界面区特性及晶界势垒直接影响 SiC/硅橡胶复合材料的非线性电导特性。

图 3-4(a)为半导体 SiC 与硅橡胶基体的能带。SiC 晶粒相的电子逸出功 $\varphi_s$ 小于绝缘晶界的电子逸出功 $\varphi_d$,形成对绝缘晶界的欧姆接触,如图 3-4(b)所示。在无外施电场或电场强度较低的情况下,晶粒相中的载流子没有受到任何驱动,此时载流子做无规则的热运动。此时,载流子的热运动有以下特点:具有一定的热运动能量和热运动速度;无方向性;不断发生散射。当热运动的载流子移动到界面处时,由于其能量较低,载流子就被界面区的势垒所阻挡,只有少数具有较高热运动能量的载流子穿过界面区势垒并向前运动。这些载流子在注入硅橡胶基体后又会被陷阱所捕获,仅有极少数的载流子热跃迁能够到达相邻的晶粒相。因此,在无外施电场或电场强度较低的情况下,从宏观上可以认为载流子在复合材料内部做无规则的热运动,不存在大量载流子的定向移动,此时复合材料的电导特性取决于硅橡胶基体的电导特性,电导率较低。

当界面处存在一个外施电场 $E$ 时,在肖特基效应的作用下,电场降低了晶界势垒高度,界面区发生倾斜,如图 3-4(c)所示[3]。一方面,由于界面区的倾斜,晶粒相中热运动的载流子很容易穿过界面区势垒,晶界处的热跃迁过程变得更容易发生;另一方面,当电场强度超过界面区的某一临界电场强度时,左侧晶粒中大量的载流子会在高电场作用下直接穿过界面势垒并到达绝缘晶界或相邻的半导体晶粒,这个过程称为隧道过程或直接隧道过程。从介观角度来看,此时晶粒相间的载流子迁

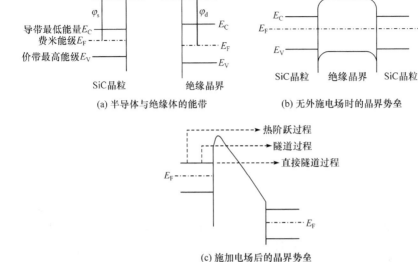

(a) 半导体与绝缘体的能带　　　　　　(b) 无外施电场时的晶界势垒

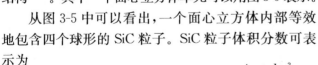

(c) 施加电场后的晶界势垒

图 3-4　SiC 晶粒与硅橡胶绝缘晶界界面区势垒模型

移过程变得活跃;其在宏观上即表现为复合材料整体的电导率发生突然增大。继续增大外施电场,界面区更加倾斜,界面区的热跃迁过程与隧道过程更为活跃,因而电导率呈现继续线性增大的趋势。用上述界面区势垒模型就可以解释 SiC 粒子含量为 30wt%、50wt% 和 100wt% 的三种 SiC/硅橡胶复合材料的非线性电导过程。

　　另外,从表 3-1 中也可以发现,复合材料中 SiC 粒子的质量分数越大,其非线性电导率的阈值电场强度越小。这与绝缘晶界相的宽度有关,而绝缘晶界的宽度又与粒子间的平均间距有直接关系。对于填充型复合材料,填充粒子的平均间距可以近似地用如下方法计算。假设 SiC 粒子均为理想的球形且直径均等于其平均粒径,粒子均匀分散在硅橡胶基体中形成面心立方体结构[4,5]。其中一个面心立方体单元可以用图 3-5 表示。

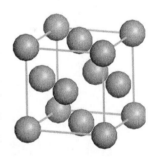

图 3-5　SiC 粒子在硅橡胶基体中的分布模型

　　从图 3-5 中可以看出,一个面心立方体内部等效地包含四个球形的 SiC 粒子。SiC 粒子体积分数可表示为

$$V_{\text{SiC}} = \frac{4 \times \frac{4\pi}{3}\left(\frac{d}{2}\right)^3}{a^3} \tag{3-4}$$

其中,$V_{\text{SiC}}$ 为 SiC 粒子的体积分数;$d$ 为粒子直径;$a$ 为面心立方体的边长。$V_{\text{SiC}}$ 可用质量分数来表示:

$$V_{SiC} = \frac{M_{SiC}\rho_{SiR}}{M_{SiC}\rho_{SiR} + M_{SiR}\rho_{SiC}} \tag{3-5}$$

其中,$M_{SiR}$、$\rho_{SiR}$为硅橡胶的生胶质量和密度;$M_{SiC}$、$\rho_{SiC}$为 SiC 质量和密度。

由式(3-4)可求得

$$a = \left(\frac{2\pi}{3V_{SiC}}\right)^{\frac{1}{3}} d \tag{3-6}$$

则 SiC 粒子间距 $D$(粒子表面到相邻表面的距离)可表示为

$$D = \frac{a}{\sqrt{2}} - d = \left[\left(\frac{\sqrt{2}\pi}{6V_{SiC}}\right)^{\frac{1}{3}} - 1\right]d \tag{3-7}$$

利用式(3-7)计算得到不同 SiC 粒子(平均粒径 $0.45\mu m$)含量的硅橡胶基体中粒子平均间距,见表 3-2。图 3-6 是 SiC/硅橡胶复合材料的粒子间距和质量分数的关系。可以发现,当 SiC 粒子质量分数为 10wt%时,粒子平均间距为 547nm;随着 SiC 质量分数增大,粒子平均间距迅速减小;当质量分数达到 30wt%时,粒子平均间距减小到 273nm;进一步增加 SiC 质量分数,粒子间距的减小速度减慢;当质量分数为 50wt%和 100wt%时,粒子平均间距分别为 191nm 和 112nm。

表 3-2　SiC/硅橡胶复合材料的 SiC 体积分数与粒子平均间距

| 粒子含量/wt% | SiC 含量/vol% | 粒子平均间距/nm |
| --- | --- | --- |
| 10 | 7.0 | 547 |
| 30 | 17.8 | 273 |
| 50 | 25.6 | 191 |
| 100 | 38.0 | 112 |

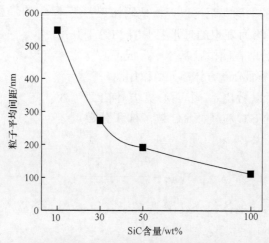

图 3-6　SiC/硅橡胶复合材料的粒子平均间距和质量分数的关系

对照不同 SiC 含量的试样 SEM 照片发现,实际的 SiC 粒子平均间距大于粒子平均间距的估算值。这是由于上述计算过程中假设粒子为半径相等的球形,而实际的 SiC 粒子并非规则的球形结构且直径并非完全相同,粒子粒径符合一个正态分布函数;另外,粒子的分散性并非完全均匀,在高质量分数粒子添加的试样中可能会出现一些团聚体,导致 SEM 图中观察到的粒子间距要大于表 3-2 中的 SiC 粒子间距估算值。

当 SiC 含量为 10wt%时,粒子平均间距较大,绝缘晶界宽度较宽,晶粒相之间相互独立,载流子很难从一个晶粒相发生热跃迁过程或隧道过程到达另一个相邻的晶粒相,这也就解释了为什么 SiC 含量为 10wt%时,复合材料不具有非线性电导特性。经典统计的逾渗理论 Kirkpatrick-Zallen 模型利用 Flory 凝胶理论描述了导电或半导电复合材料体系中导电网络的形成,并推断出对于球形粒子只有含量超过 16vol%时,基体内部才会形成导电网络。这一模型是一个基于统计学的理论,在粒子含量较低时,粒子被认为处于各自独立的状态;随着 SiC 质量分数的增大,粒子间距迅速降低,在粒子超过某一临界浓度之后,粒子间不再相互独立,粒子构成的聚集体间相互偶联,此时分散在绝缘晶界中的晶粒相在电场超过某一临界值后形成导电通道。当进一步增大 SiC 质量分数时,粒子间距进一步减小,绝缘晶界宽度减小,此时在更小的外施电场作用下就可以发生界面区的热跃迁过程和隧道过程。这就解释了 SiC/硅橡胶复合材料非线性电导阈值电场强度随 SiC 粒子质量分数的增大而逐渐减小的原因。同时,粒子含量的增多使试样中载流子浓度增大,在相同电压作用下,载流子更容易在晶界处发生热阶跃过程和隧道过程,这就导致复合材料的非线性系数随之增大。

## 3.3　SiC/硅橡胶复合材料介电特性

图 3-7 是不同 SiC/硅橡胶复合材料的相对介电常数随频率的变化关系。结果表明,随着粒子含量的增大,复合材料的相对介电常数逐渐增大。以 50Hz 频率下的数据为例,纯硅橡胶试样的相对介电常数为 2.75,10wt%试样为 3.08,30wt%为 3.6,50wt%为 4.52,100wt%为 6.67。

SiC 粒子含量的增加明显增大了硅橡胶复合材料的介电常数。一方面是由于硅橡胶是非极性电介质,而 SiC 晶体为极性材料,具有较高的相对介电常数(9.66~10.03)。SiC 颗粒的添加使得硅橡胶复合材料内部引入了大量极性分子,增强了复合材料的极化效应。另一方面,考虑自由体积对复合材料介电常数的影响,根据 Simha-Somcynsky 方程,微米级颗粒的添加会减小复合材料的自由体积[6]。根据 Clausius-Mosotti 方程,电介质的相对介电常数可表示为

$$\frac{\varepsilon_r - 1}{\varepsilon_r + 2} = \frac{N\alpha}{3\varepsilon_0} \tag{3-8}$$

其中,$\varepsilon_r$ 为相对介电常数;$N$ 为单位体积的分子量;$\alpha$ 为极化率。

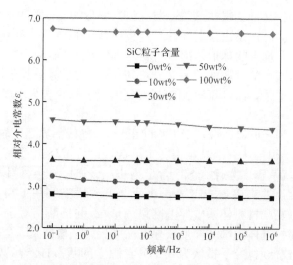

图 3-7　不同 SiC/硅橡胶复合材料的相对介电常数随频率的变化关系

根据式(3-8),自由体积的减小导致单位体积的分子量增大,在极化率一定的情况下,相对介电常数增大。本节认为自由体积对介电常数的影响较弱,极性分子的引入是硅橡胶复合材料介电常数增大的主要原因。

## 3.4　粒子含量对 SiC/硅橡胶复合材料空间电荷特性的影响

### 3.4.1　极化过程粒子含量对空间电荷特性的影响

采用 PEA 空间电荷测量方法对 $50kV/mm$ 直流电场下不同 SiC 含量的硅橡胶复合材料空间电荷极化特性进行测量。图 3-8 给出了极化过程中 SiC 含量分别为 $0wt\%$、$10wt\%$、$30wt\%$、$50wt\%$ 和 $100wt\%$ 的硅橡胶复合材料空间电荷与电场分布随极化时间的变化过程。

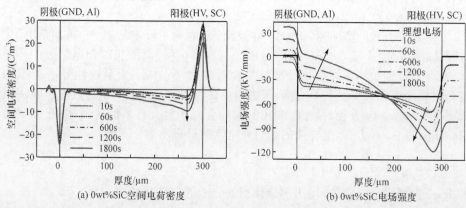

(a) 0wt%SiC空间电荷密度　　　　　　　(b) 0wt%SiC电场强度

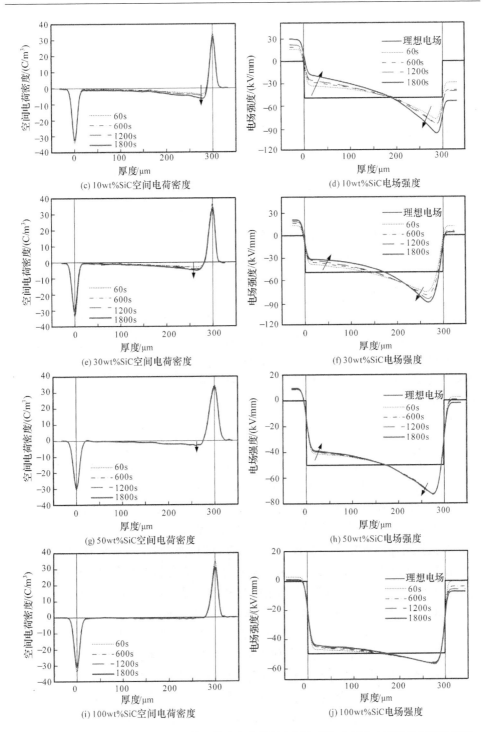

(c) 10wt%SiC空间电荷密度

(d) 10wt%SiC电场强度

(e) 30wt%SiC空间电荷密度

(f) 30wt%SiC电场强度

(g) 50wt%SiC空间电荷密度

(h) 50wt%SiC电场强度

(i) 100wt%SiC空间电荷密度

(j) 100wt%SiC电场强度

图 3-8　50kV/mm 下不同 SiC 含量的硅橡胶复合材料空间电荷与电场分布随极化时间的变化

从图 3-8(a) 中可以看出,对于纯硅橡胶试样(0wt%SiC),在试样内部靠近阳极区域有大量的异极性空间电荷积聚,在整个试样内部积聚的空间电荷主要以负极性空间电荷为主。随着极化时间的延长,阴极不断注入负极性电荷并向阳极迁移,导致阳极附近区域积聚的负极性空间电荷密度不断增大,试样内部负极性空间电荷也不断增多;与此同时,阳极感应电荷峰逐渐变窄,且幅值发生明显下降。当极化时间达到 1800s 时,硅橡胶试样内部积聚了大量负极性空间电荷,在靠近阳极附近的区域最大密度达到约 $10C/m^3$。另外,观察试样两侧电极峰的变化可以发现,在极化过程结束时刻,阳极感应电极峰的幅值从极化初始阶段的约 $30C/m^3$ 下降到约 $20C/m^3$,同时阴极电极峰小幅增高。这是由于随着极化时间的延长,越来越多的负极性空间电荷在阳极附近区域积聚,其与阳极-硅橡胶界面上的感应电荷信号出现叠加,导致阳极感应电极峰变窄且幅值下降;同时,阴极附近积聚的负极性空间电荷导致阴极感应电极峰幅值升高。

对照图 3-8(a) 和(b) 可以发现,随着极化过程中试样内部空间电荷的积聚,其内部电场分布发生严重畸变。这是由于阳极附近大量的负极性空间电荷积聚,产生的内电场与外施电场叠加后,显著增强了阳极附近区域的电场;而阴极附近区域由于同极性电荷的存在而被削弱,从而形成图 3-8(b) 中倾斜的电场强度分布情况。当极化时间达到 1800s 时,试样靠近阴极附近区域电场强度接近零,而靠近阳极附近区域的最大畸变电场强度达到 120kV/mm,此时试样内部的电场强度分布极不均匀。

对于 10wt%SiC 硅橡胶试样,在 50kV/mm 下试样内部空间电荷分布情况与图 3-8(a) 中纯硅橡胶试样相似,在试样内部靠近阳极的位置积聚大量的负极性空间电荷。但是与纯硅橡胶内部空间电荷密度相比,10wt%SiC 试样内部的空间电荷密度有所降低,阳极感应电极峰没有随极化时间出现大幅下降。当极化时间达到 1800s 时,阳极附近区域的最大电荷密度约为 $6.5C/m^3$,对照图 3-8(d) 中电场分布可见最大电场强度超过 90kV/mm,电场畸变情况依然十分严重。

对于具有非线性电导特性的 30wt%SiC 硅橡胶试样,与纯硅橡胶和 10wt%SiC 试样相比,其内部积聚的空间电荷量明显减少。在极化过程结束时,最大空间电荷密度约为 $5.5C/m^3$,远低于纯硅橡胶和 10wt%SiC 试样的最大空间电荷密度。同时,由空间电荷积聚导致的电场畸变程度进一步减弱。

继续增大 SiC 粒子的含量,试样内部空间电荷的积聚量进一步减小。当 SiC 含量增加到 100wt% 时,其试样内部空间电荷几乎不随极化时间的延长而增多。极化过程结束时,其内部也几乎没有明显的空间电荷积聚现象,最大空间电荷密度仅为 $0.8C/m^3$。从电场强度畸变的角度来看,随着 SiC 粒子含量的增大,试样内部电场畸变明显减弱,电场分布逐渐趋于均匀。在极化过程结束时刻,100wt%SiC 试样的电场分布最为均匀,十分接近理想的电场分布,如图 3-8(j) 所示。

　　根据上面的实验结果可以得出,SiC 粒子的填充可以有效抑制空间电荷积聚现象。随着 SiC 含量的增大,空间电荷抑制效果更加明显。

### 3.4.2　去极化过程粒子含量对空间电荷特性的影响

　　图 3-9 为 50kV/mm 极化 30min 后去极化过程中不同 SiC 含量的硅橡胶复合材料的空间电荷分布情况。

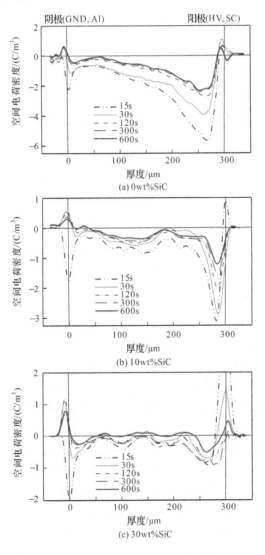

图 3-9　(a) 0wt%SiC　(b) 10wt%SiC　(c) 30wt%SiC

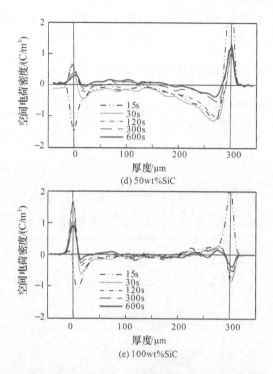

图 3-9　去极化过程中不同 SiC 含量的硅橡胶复合材料空间电荷分布

从图 3-9(a)中可以看到,在短路 15s 后纯硅橡胶试样中有大量的空间电荷积聚,特别是在靠近阳极的区域,积聚了大量负极性空间电荷,最大电荷密度约为 $6C/m^3$。去极化过程开始阶段(15~120s),空间电荷随着时间的延长而快速消散。但是当去极化时间达到 120s 时,其空间电荷的消散过程明显减慢并趋于停止,这说明此时残余在硅橡胶基体内部的电荷处于较深的陷阱能级之中而很难发生脱陷过程,因而电荷的消散过程减慢。在去极化时间达到 600s 时,试样内部仍然积聚有大量的负极性空间电荷,特别是阳极附近区域,最大空间电荷密度约为 $2C/m^3$。

对于 10wt%SiC 试样[图 3-9(b)],其在去极化 15s 时也有大量的负极性空间电荷积聚在试样内部,最大电荷密度约为 $3C/m^3$。在去极化时间达到 600s 时,试样的中部依然有大量负极性电荷积聚,仅在试样两侧靠近电极的区域有少量负极性空间电荷积聚,最大电荷密度超过 $1C/m^3$。

对于 30wt%SiC 试样[图 3-9(c)],在去极化开始时其内部也有较多的负极性空间电荷。随着去极化时间延长,空间电荷快速消散,当去极化时间达到 600s 时,试样中部的空间电荷已经基本消散,只有在靠近两侧电极区域有少量负极性电荷积聚,最大电荷密度仅为 $0.5C/m^3$。继续增大 SiC 粒子含量,去极化过程中空间电荷的消散进一步加快。当 SiC 含量达到 100wt％时,试样中空间电荷快速消散,当去极化时间达到 120s 时已经没有明显的空间电荷积聚现象。

　　硅橡胶试样的空间电荷去极化过程表明,当 SiC 含量超过 30wt％时,硅橡胶基体中形成可供电荷传输和消散的通道,同时随着 SiC 粒子含量的增加,空间电荷消散加快,去极化结束时刻空间电荷积聚量明显减少。

### 3.4.3　粒子含量对陷阱深度与载流子迁移率的影响

　　对五组不同 SiC 含量的试样去极化过程中空间电荷分布进行积分计算,得到去极化过程空间电荷总量的衰减曲线,如图 3-10 所示。由图可以看出,五组试样中的空间电荷总量均随时间呈指数下降的趋势;在某一相同时刻,试样中空间电荷总量随 SiC 含量的增大而减小。

　　对比五条曲线可以发现,纯硅橡胶试样在去极化的开始阶段衰减很快;但当时间超过 200s 时,衰减速度明显减慢,并在 500s 后趋于稳定。这是由于在去极化开始阶段,处于浅陷阱中的空间电荷克服较小的势垒后即可发生脱陷,此时消散较快;当较浅陷阱中的空间电荷脱陷后,较深陷阱中的电荷开始发生脱陷,此时电荷脱陷需要克服较大的势垒,因此陷阱电荷脱陷过程明显减慢,导致空间电荷消散明显减慢;随着电荷进一步消散,残余的空间电荷处于更深的陷阱中,电荷的脱陷过程变得更加缓慢,因此电荷总量衰减过程趋于停止。

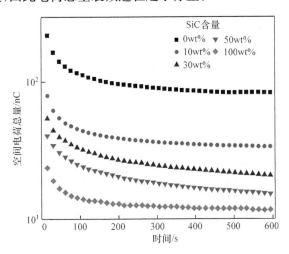

图 3-10　去极化过程中不同 SiC 含量的硅橡胶复合材料空间电荷总量衰减曲线

　　观察 10wt％SiC 试样的电荷衰减曲线可以发现,去极化过程中空间电荷总量的衰减趋势与纯硅橡胶类似,在开始阶段电荷快速消散,而当去极化时间超过 200s 后,衰减速度也发生明显减慢并逐渐趋于稳定。这表明,大量的空间电荷仍然处于较深陷阱之中而很难发生脱陷过程。

相对于纯硅橡胶和 10wt% 试样,30wt% 和 50wt% 两组试样的空间电荷衰减过程明显发生改变。在去极化开始阶段,空间电荷总量发生快速下降,同时下降速度逐渐减慢,但衰减曲线并未在某一时刻后趋于稳定,而是始终随时间延长而缓慢消散。这说明随着 SiC 含量的增加,试样中浅陷阱增多,空间电荷脱陷需要克服的平均势垒较小,因此电荷消散加快。继续增加 SiC 含量至 100wt%,其空间电荷在去极化的初始阶段发生快速衰减,当去极化时间达到 300s 时,试样中空间电荷已经基本消散,导致空间电荷总量的衰减速度明显减慢并趋于平稳。

载流子迁移率代表载流子(电子和空穴)在单位电场作用下的平均漂移速度,可以用来更直观地表示五组试样空间电荷的衰减速度。利用基于 PEA 空间电荷去极化过程的载流子迁移率和陷阱深度的近似计算方法,计算得到去极化过程中不同 SiC 含量硅橡胶复合材料的载流子迁移率和陷阱深度,如图 3-11 所示。由图可以看出,对于五组试样的载流子迁移率随时间延长而逐渐减小。对于纯硅橡胶试样,载流子迁移率在 200s 后就下降到 $1 \times 10^{-15} \mathrm{m}^2/(\mathrm{V} \cdot \mathrm{s})$ 以下,其对应的载流子陷阱深度超过 1.0eV,这也解释了图 3-10 中纯硅橡胶试样内空间电荷总量在 200s 后衰减趋于停止的原因。随着 SiC 含量的增加,空间电荷消散过程中的载流子迁移率逐渐增大,而陷阱深度逐渐减小。这些均与图 3-10 中空间电荷的消散过程相一致。

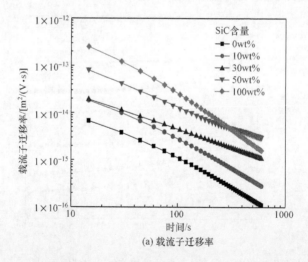

(a) 载流子迁移率

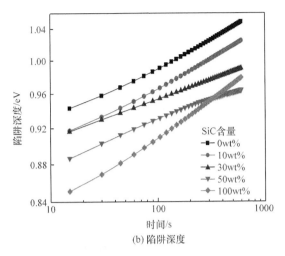

(b) 陷阱深度

图 3-11　去极化过程中不同 SiC 含量的硅橡胶复合材料载流子迁移率和陷阱深度

另外,由图 3-11(b)可以发现,在去极化的初始阶段(<100s),100wt%试样的陷阱深度明显小于其他试样。而当去极化时间超过 300s 后,其载流子迁移率明显下降,陷阱深度突然增大,甚至超过 50wt%试样的陷阱深度。这是由于在去极化的初始阶段,各组 SiC/硅橡胶试样中处于较浅陷阱中的电荷在感应电场的作用下极易发生脱陷过程而快速消散。此时,试样中 SiC 粒子质量分数越大,载流子迁移率越大,对应的陷阱深度也越浅。而随着去极化过程的进行,100wt%试样中残余的空间电荷逐渐减少,当去极化时间超过 300s 后,试样中绝大部分电荷已经消散,只有极少的残余电荷均处于较深的陷阱中。此时电荷很难在自身感应电场作用下发生脱陷并向电极移动,这就导致电荷的消散过程变得非常缓慢,使得载流子迁移率大幅下降,同时对应的陷阱深度增大。

## 3.5　碳化硅粒子含量对 SiC/硅橡胶复合材料陷阱特性的影响

### 3.5.1　粒子含量对表面电位衰减特性的影响

基于表面电位衰减特性研究硅橡胶试样的陷阱分布特性,本节对比了五组不同 SiC 含量的硅橡胶复合材料的表面电位衰减动态特性。使用±8kV 的针电极电压。图 3-12 是不同 SiC 含量的硅橡胶复合材料正、负极性表面电位衰减特性。观察五组试样的初始表面电位可以发现,试样的初始表面电位随 SiC 含量的增大而逐渐减小。研究表明,硅橡胶中 SiC 粒子含量的增加可以明显抑制试样表面电荷的积聚。

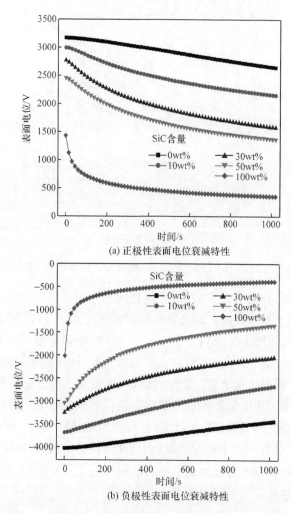

(a) 正极性表面电位衰减特性

(b) 负极性表面电位衰减特性

图 3-12　不同 SiC 含量的硅橡胶复合材料表面电位衰减特性

　　电晕充电过程的实质是电荷注入与消散的动态过程。针电极电晕产生的电荷在外电场作用下向试样表面迁移并注入试样表面,积聚在试样表面的电荷在电场作用下进一步向试样内部注入。在相同的电晕实验条件下,可以认为到达试样表面的电荷量是相同的,因此表面电荷的积聚量与电荷的消散速率成反比。结合 SiC/硅橡胶复合材料的非线性电导特性,可以认为在外施电场下,电荷不断在试样表面积聚,其在介质中形成的感应电场均大于 30wt%、50wt%和 100wt%三组试样的非线性阈值电场,使三组试样均处于电导率非线性区,从而促进电荷在 SiC 晶粒相间的热跃迁与隧道过程,加快电荷向地电极侧的迁移速率。随着 SiC 质量分数的增大,试样中绝缘晶界宽度逐渐减小,电荷在 SiC 晶粒相间的热跃迁与隧道过程更易发生,使得电荷向地电极的迁移速率明显加快。这就解释了非线性电导特性对表面电荷积聚的抑制作用。另外,10wt%试样虽未表现出电导率的非线性特性,但 SiC 粒子的加入使试样中载流子浓度高于纯硅橡胶试样,也使其电导率呈现小幅增大,导致其电荷向地电极的迁移速率稍快于纯硅橡胶试样。

　　进一步观察图 3-12 中各条曲线的消散过程可以发现,随着 SiC 含量的增大,表面电位的衰减明显加快。消散时间为 10min 时各组试样的表面电位衰减率,如图 3-13 所示。

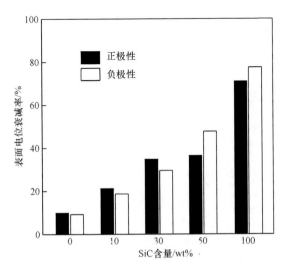

图 3-13　不同 SiC 含量的硅橡胶复合材料表面电位衰减率

　　由图 3-13 可以发现,对于未添加 SiC 的硅橡胶试样,其消散 10min 后正、负极性表面电荷衰减率仅为 9.6% 和 8.8%;而添加 100wt%SiC 的硅橡胶试样表面电荷衰减率最高,达到 70.9% 和 77.3%。与表面电荷积聚过程相同,随着 SiC 含量的增大,非线性电导率增大加快了电荷向地电极的迁移速率,促进了表面电位的衰减。

### 3.5.2　粒子含量对陷阱能级分布及载流子迁移率的影响

　　图 3-14 为计算得到的不同 SiC 含量的硅橡胶试样空穴与电子陷阱能级分布。可以看出,对于 0wt%SiC 和 10wt%SiC 两组硅橡胶试样,其空穴与电子陷阱能级分布均仅有一个陷阱峰(峰 1)。0wt%SiC 试样的空穴和电子陷阱深度分别为 0.93eV 和 0.94eV,而添加 10wt%SiC 的硅橡胶试样的空穴和电子陷阱深度略有减小(0.92eV),同时两个试样的陷阱能级密度基本相同,可以认为其为相同的陷阱分布峰。这表明,对未表现出非线性电导特性的 10wt%SiC 试样来说,其试样

陷阱能级基本不变,并未引入新的陷阱能级。

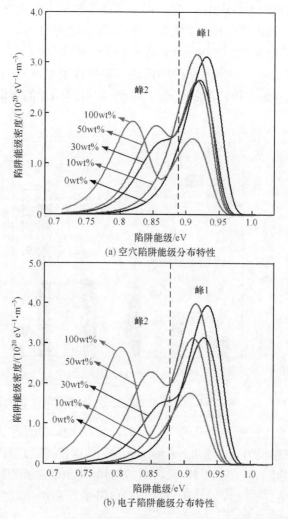

图 3-14　不同 SiC 含量的硅橡胶试样空穴与电子陷阱能级分布

当 SiC 含量超过 30wt％时,空穴与电子陷阱能级分布均呈现双峰形状,在陷阱能级较浅的位置出现明显的额外峰(峰 2),这表明高的 SiC 添加量在硅橡胶中引入了新的陷阱。为进一步分析新引入陷阱的深度与密度,对双峰形曲线进行二次拟合[7],并分别得到较深陷阱峰(峰 1)和较浅陷阱峰(峰 2)的陷阱密度图,如图 3-15 所示(此处以 30wt％SiC 和 100wt％SiC 两组试样的空穴陷阱为例),并进一步计算得到各组试样各峰的陷阱深度和总密度(面积),如表 3-3 所示。

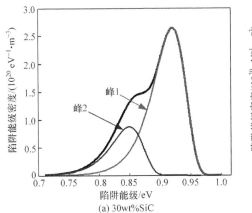

(a) 30wt%SiC

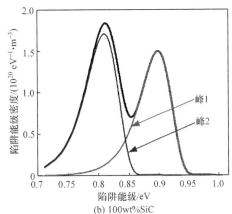

(b) 100wt%SiC

图 3-15　陷阱能级分布拟合结果

表 3-3　不同 SiC 含量的硅橡胶复合材料陷阱深度及密度拟合结果

| SiC 含量/wt% | 陷阱类型 | 空穴陷阱 | | 电子陷阱 | |
| --- | --- | --- | --- | --- | --- |
| | | 陷阱深度/eV | 密度/(eV$^{-1}$·m$^{-3}$) | 陷阱深度/eV | 密度/(eV$^{-1}$·m$^{-3}$) |
| 0 | 较浅陷阱 | — | — | — | — |
| | 较深陷阱 | 0.93 | 2.16×10$^{19}$ | 0.94 | 2.74×10$^{19}$ |
| 10 | 较浅陷阱 | — | — | — | — |
| | 较深陷阱 | 0.92 | 2.20×10$^{19}$ | 0.92 | 2.77×10$^{19}$ |
| 30 | 较浅陷阱 | 0.85 | 6.01×10$^{18}$ | 0.85 | 6.17×10$^{18}$ |
| | 较深陷阱 | 0.92 | 1.84×10$^{19}$ | 0.93 | 2.23×10$^{18}$ |
| 50 | 较浅陷阱 | 0.85 | 9.02×10$^{18}$ | 0.85 | 1.19×10$^{19}$ |
| | 较深陷阱 | 0.92 | 1.83×10$^{19}$ | 0.91 | 2.18×10$^{19}$ |
| 100 | 较浅陷阱 | 0.81 | 1.14×10$^{19}$ | 0.80 | 2.11×10$^{19}$ |
| | 较深陷阱 | 0.91 | 1.04×10$^{19}$ | 0.91 | 1.21×10$^{19}$ |

　　从表 3-3 可以看到,对于各组试样,其空穴较深陷阱的陷阱深度均为 0.91～0.93eV,电子较深陷阱的陷阱深度均为 0.91～0.94eV。可以认为,每组硅橡胶试样所对应的较深陷阱能级并未有较大变化,较深的空穴和电子陷阱的实质为硅橡胶复合材料的本征深陷阱,其陷阱能级是由硅橡胶复合材料本身结构所决定的,因此不随 SiC 粒子含量的增大而变化。

　　对于 30wt％SiC、50wt％SiC 和 100wt％SiC 三组试样,其在 0.80～0.85eV 处引入了新的陷阱能级。图 3-16 为五组硅橡胶试样空穴陷阱密度和电子陷阱密度与 SiC 含量的关系。从图中可以发现,空穴与电子陷阱密度呈现非常一致的变化趋势,即随着 SiC 质量分数的提高,空穴与电子较深陷阱密度逐渐减小,而较浅陷阱密度逐渐增大。如前所述,表面电位衰减与空间电荷入陷-脱陷过程密切相关。被陷阱俘获的电荷脱离束缚并在其自身激发电场作用下向背部电极迁移,被较浅能级陷阱束缚的电荷容易脱陷。因此,SiC 粒子的添加在硅橡胶试样内部引入大量空穴、电子较浅陷阱,并且较浅陷阱密度随 SiC 含量增大而增大,从而促进了空穴和电子的脱陷过程,加快了表面和空间电荷的消散。这就从陷阱特性角度解释了较高含量 SiC(30wt%)的添加对表面和空间电荷积聚的抑制机理。

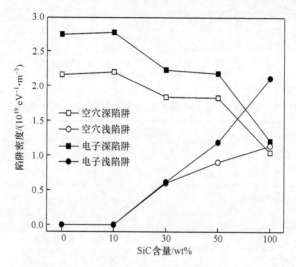

图 3-16 硅橡胶试样空穴陷阱密度和电子陷阱密度与 SiC 含量的关系

根据表面电位的衰减特性可以进一步计算得到不同 SiC 含量的硅橡胶试样的空穴和电子传输时间与载流子迁移率,如表 3-4 所示。由表可以看出,随着 SiC 含量的增大,空穴与电子传输时间逐渐减小,同时空穴与电子迁移率呈指数型增大。100wt%SiC 试样的载流子迁移率较未添加 SiC 的硅橡胶试样载流子迁移率增大了两个数量级。这一结果与表 3-3 中五组试样的陷阱能级分布的变化规律相一致。

表 3-4 不同 SiC 含量的硅橡胶复合材料传输时间及载流子迁移率

| SiC 含量/wt% | 电荷类型 | 传输时间/s | 载流子迁移率/[m²/(V·s)] |
|---|---|---|---|
| 0 | 空穴 | 3548 | $7.96 \times 10^{-15}$ |
| | 电子 | 3162 | $7.05 \times 10^{-15}$ |
| 10 | 空穴 | 2511 | $1.20 \times 10^{-14}$ |
| | 电子 | 1778 | $1.37 \times 10^{-14}$ |

| SiC 含量/wt% | 电荷类型 | 传输时间/s | 载流子迁移率/[m²/(V · s)] |
|---|---|---|---|
| 30 | 空穴 | 199 | $1.64 \times 10^{-13}$ |
|  | 电子 | 158 | $1.73 \times 10^{-13}$ |
| 50 | 空穴 | 135 | $2.71 \times 10^{-13}$ |
|  | 电子 | 89 | $3.31 \times 10^{-13}$ |
| 100 | 空穴 | 35 | $1.80 \times 10^{-12}$ |
|  | 电子 | 31 | $1.44 \times 10^{-12}$ |

### 3.5.3　电晕电压对表面电位衰减特性的影响

3.5.2 节主要探讨了 SiC 含量对硅橡胶表面电位衰减特性的影响机理。实验发现,电晕电压对硅橡胶复合材料的表面电荷动态特性有较大影响。本节选取 10wt%SiC(无非线性电导)和 100wt%SiC(强非线性电导)两组具有代表性的硅橡胶试样进行对比,并研究电晕电压对硅橡胶表面电荷的影响,设置针电极电压分别为 ±6kV、±7kV 和 ±8kV。图 3-17 为 10wt%SiC 和 100wt%SiC 两组试样在不同电晕电压情况下的表面电位衰减曲线。

从图中可以看出,10wt%SiC 试样的表面电位初值随电晕电压的增大而增大。这是由于电晕电压的提高会增强针尖处的局部场强,使得电晕更加剧烈。因此,在电晕时间相同的情况下,提高电晕电压会导致表面电荷积聚量增多。同时,较高的栅极电压也增强了栅-板电极间的电场,加速了电荷向试样表面的迁移,使得电晕产生的电荷在到达试样表面的电荷具有更高的能量。在表面电荷向地电极迁移的过程中,能量较小的电荷更易积聚在试样表面,而能量较大的电荷被陷阱束缚后更容易发生连续的入陷-脱陷过程而向地电极迁移,这在宏观上就表现为初始表面电位的提高可以加快其衰减速率。从图 3-17 中也可以发现,不同电晕电压的表面电位衰减曲线出现交叉现象。许多学者在表面电荷的相关研究中也发现了相似的实验结果,并称为 cross-over 现象[8,9]。

而对于 100wt%SiC 试样,随着电晕电压的增大,其初始表面电位并未同 10wt%SiC 一样呈现增大趋势,反而发生明显的下降。这是由于 100wt%SiC 试样具有非线性电导特性,电晕电压的提高增大了栅-板电极间的电场,并增加了到达试样表面的电荷数量。表面电荷的积聚所产生的电场畸变显著提高了其直流电导率,在微观层面上即表现为 SiC 晶界处更趋于倾斜,电荷在 SiC 晶粒相间的热跃迁与隧道过程更加活跃。同时,较高的栅极电压加速了电荷向试样表面的迁移,使得电晕产生的电荷在到达试样表面时具有更高的能量,电荷更易发生连续的入陷-脱

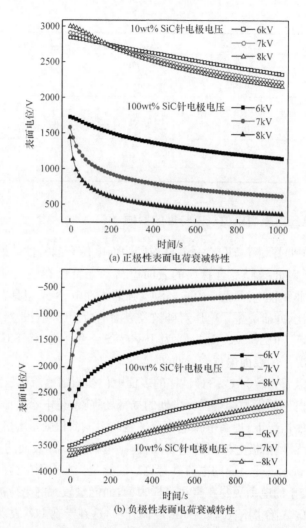

(a) 正极性表面电荷衰减特性

(b) 负极性表面电荷衰减特性

图 3-17　不同电晕电压的硅橡胶复合材料表面电位衰减特性

陷过程而向地电极迁移。综合上述两方面原因，随着电晕电压的升高，试样表面电荷向地电极迁移速率变快。表面电荷积聚的实质是电荷注入与电荷消散的动态过程，提高其电晕电压虽然会增强电荷注入过程，但实验结果表明，电荷消散速率的加快在电荷积聚中占更主要的因素，进而导致其初始表面电位下降。

　　另外，观察 100wt%SiC 试样的表面电位衰减过程可以看出，电晕电压越高，表面电位的衰减速率越快。这也是由于提高针极与栅极电压使得到达试样表面的电荷具有更高的能量，使电荷更容易在晶界处发生热跃迁或隧道过程而向地电极迁移，进而提高表面电位的衰减速率。

### 3.5.4　电晕电压对陷阱能级分布及载流子迁移率的影响

表面电位衰减过程与空间电荷脱陷过程密切相关。被陷阱俘获的电荷脱离束缚并在其自身激发电场作用下向背部电极迁移,被较浅能级陷阱束缚的电荷更容易发生脱陷,故不同电晕电压后的硅橡胶试样所表现出来的陷阱能级分布也不同。图 3-18 为 10wt%SiC 和 100wt%SiC 两组试样在不同电晕电压后空穴陷阱能级分布图(由于电子陷阱能级分布与之相似,此处仅以空穴陷阱展开论述)。

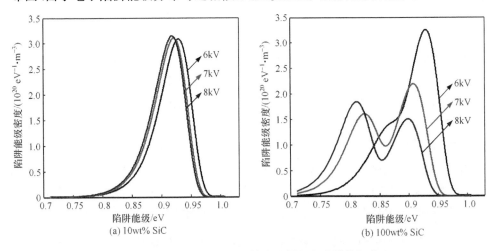

图 3-18　不同电晕电压下硅橡胶试样空穴陷阱能级分布

从图 3-18 中可以看出,对于 10wt%SiC 试样,其空穴陷阱深度随着电晕电压的升高而略有下降,但仍然可以视为硅橡胶试样的本征陷阱峰,其陷阱深度与密度不随电晕电压的提高而变化。而对于 100wt%SiC 试样,其空穴陷阱深度随着电压的升高而明显减小。对双峰形曲线进行二次拟合,得到两个陷阱的深度及总密度如表 3-5 所示。在不同电晕电压下,试样的深陷阱深度始终为 0.91～0.93eV,这也再次证明了 0.93eV 附近的较深陷阱能级为硅橡胶复合材料的本征深陷阱。而 SiC 粒子所引入的较浅陷阱深度和密度随电晕电压的增大而出现明显的变化。可以看到,随着电晕电压的升高,较浅陷阱深度显著减小,同时密度(峰面积)明显增大。这可以用 SiC/硅橡胶非线性电导的机理来解释。当硅橡胶中添加 100wt%SiC 粒子时,试样在表面电荷感应电场导致 SiC 晶区间的绝缘晶界势垒发生倾斜。此时,存在于某一晶区内具有较高能量的电荷在自激发电场作用下发生热阶跃和隧道过程而越过晶界势垒到达相邻的晶区。电晕电压的提高可以大大提高到达试样表面的电荷能量,从而使电荷更容易在绝缘晶界处发生热阶跃和隧道过程,加快电荷的迁移,减小硅橡胶绝缘晶界势垒对电荷的阻挡作用,因而在陷阱能级分布上表现为深陷阱密度减小、浅陷阱密度增大。

**表 3-5　不同电晕电压下硅橡胶复合材料陷阱深度及密度拟合结果**

| 电压等级 | 6kV | | 7kV | | 8kV | |
|---|---|---|---|---|---|---|
| | 陷阱深度/eV | 密度/(eV$^{-1}$·m$^{-3}$) | 陷阱深度/eV | 密度/(eV$^{-1}$·m$^{-3}$) | 陷阱深度/eV | 密度/(eV$^{-1}$·m$^{-3}$) |
| 较浅陷阱 | 0.85 | 5.52×10$^{18}$ | 0.82 | 9.51×10$^{18}$ | 0.81 | 1.14×10$^{19}$ |
| 较深陷阱 | 0.93 | 2.27×10$^{19}$ | 0.91 | 1.53×10$^{19}$ | 0.91 | 1.04×10$^{19}$ |

　　根据表面电位的衰减特性进一步计算得到不同电晕电压下硅橡胶试样的空穴和电子传输时间与载流子迁移率,如表 3-6 所示。对比 10wt%SiC 和 100wt%SiC 两组试样的传输时间与载流子迁移率可以发现,100wt%SiC 试样的空穴与电子传输时间均远小于相同电晕电压下的 10wt%SiC 试样;同时,载流子迁移率比相同电晕电压下 10wt%SiC 试样的载流子迁移率大两个数量级。

　　进一步对比 10wt%SiC 与 100wt%SiC 两组试样在不同电晕电压下的传输时间和载流子迁移率可以发现,随着电晕电压的提高,10wt%SiC 试样的传输时间有所缩短,载流子迁移率随之小幅增大。而对于 100wt%SiC 试样,随着电晕电压的升高,其传输时间缩短,同时载流子迁移率明显增大。上述实验结果表明,对于非线性电导材料,提高电晕电压将显著提高电荷的消散速率。

**表 3-6　不同电晕电压下硅橡胶复合材料的空穴和电子传输时间及载流子迁移率**

| SiC 含量/wt% | 针极电压/kV | 电荷类型 | 传输时间/s | 载流子迁移率/[m²/(V·s)] |
|---|---|---|---|---|
| 10 | 6 | 空穴 | 3981 | 7.92×10$^{-15}$ |
| | | 电子 | 2811 | 9.15×10$^{-15}$ |
| | 7 | 空穴 | 3548 | 8.73×10$^{-15}$ |
| | | 电子 | 2140 | 11.75×10$^{-15}$ |
| | 8 | 空穴 | 2511 | 11.96×10$^{-15}$ |
| | | 电子 | 1778 | 13.71×10$^{-15}$ |
| 100 | 6 | 空穴 | 158 | 3.32×10$^{-13}$ |
| | | 电子 | 56 | 5.20×10$^{-13}$ |
| | 7 | 空穴 | 50 | 11.43×10$^{-13}$ |
| | | 电子 | 35 | 10.59×10$^{-13}$ |
| | 8 | 空穴 | 35 | 17.98×10$^{-13}$ |
| | | 电子 | 31 | 14.40×10$^{-13}$ |

　　另外,观察 100wt%SiC 试样的表面电位衰减过程可以看出,电晕电压越高,表面电位的衰减越快。这也是由于提高针极与栅极电压使得到达试样表面的电荷

具有更高的能量,电荷更容易在晶界处发生热跃迁或隧道过程而向地电极迁移,进而提高表面电位的衰减速率。

## 3.6　碳化硅粒子形貌对硅橡胶复合材料非线性电导特性的影响

本节使用四种 SiC 粒子制备 SiC/硅橡胶复合材料,研究粒子形貌对复合材料非线性电导特性的影响规律。图 3-19 为四种 SiC 粒子的 X 射线衍射图,图 3-19 (a)、(b)、(c)三种 SiC 为 $\alpha$ 六方晶型,其颗粒为球状;图 3-19(d)SiC 为 $\beta$ 四方晶型,其颗粒为须状。SiC 粒子含量均为 30wt%。

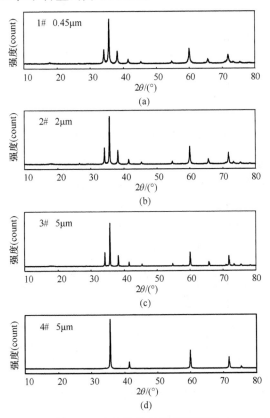

图 3-19　SiC 粒子 X 射线衍射图

图 3-20 为四组 SiC/硅橡胶复合材料的直流电导率随电场强度的变化规律。由图可以看到,四组 SiC/硅橡胶试样均具有明显的非线性电导特性。在低电场下(<2kV/mm),试样的电导电流与施加电场服从欧姆定律,电导率基本保持不变。当电场超过临界电场时,试样电导率进入非线性区。对比三种 $\alpha$ 型 SiC 粒子填充

硅橡胶试样的非线性区电导率可以发现,随着 SiC 粒子粒径增大,复合材料的电导率略有增大。进一步对比粒径均为 $5.0\mu m$ 的 $\alpha$ 型和 $\beta$ 型 SiC 粒子填充硅橡胶试样电导率可以发现,$\beta$ 型 SiC 粒子填充的硅橡胶试样非线性电导率明显大于 $\alpha$ 型 SiC 粒子填充硅橡胶电导率。

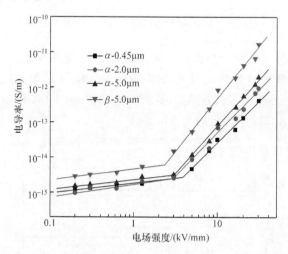

图 3-20　不同 SiC 形貌的 SiC/硅橡胶复合材料电导率随电场强度变化规律

　　表 3-7 为四组硅橡胶试样非线性电导阈值电场强度和非线性系数。从表中可以看到,对于 $\alpha$ 型 SiC 粒子,随着平均粒径的增大,试样非线性系数略有增大,而阈值电场强度基本不变。而对于相同粒径的 $\alpha$ 型和 $\beta$ 型 SiC 粒子,$\beta$ 型粒子填充试样的非线性电导特性更为明显。为了研究粒子粒径与形貌对非线性电导特性影响机理,需要对其导电物理机理进行进一步研究。

表 3-7　不同 SiC 粒子形貌的 SiC/硅橡胶复合材料电导阈值电场强度和非线性系数

| SiC 形貌 | 阈值电场强度/(kV/mm) | 非线性系数 $\beta$ |
| --- | --- | --- |
| $\alpha$-0.45$\mu m$ | 4.0 | 0.97 |
| $\alpha$-2.0$\mu m$ | 3.0 | 1.00 |
| $\alpha$-5.0$\mu m$ | 2.9 | 1.07 |
| $\beta$-5.0$\mu m$ | 2.2 | 1.19 |

### 3.6.1　粒子粒径对硅橡胶复合材料非线性电导特性的影响机理

　　SiC 晶粒内的导电过程为导带的扩展态电导,而绝缘晶界内为局域态的跳跃电导,其电导率非常低。对于非线性电导试样,其相邻晶粒相间的绝缘晶界电阻直接影响复合材料的电导率。Holm 等[10]将相邻晶粒相间的绝缘晶界电阻用接触电阻来表示,并建立了一个晶粒相间接触电阻的近似计算模型,用以分析粒子平均粒径对晶界电阻的影响。

若假设 SiC 粒子均为粒径为 $2r$ 的球形颗粒,则可以认为两个相邻的晶粒相间电阻为两相邻球面间的集中电阻,如图 3-21(a)所示。

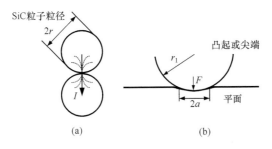

图 3-21　粒子间接触模型

实际上,粒子并非平均粒径相同的均匀球形,因此粒子间的接触并非上述的理想情况。大多数相邻粒子的接触可以认为是一个 SiC 颗粒的凸起或尖端与另一个相邻的颗粒平面间的接触。假设两个颗粒接触点处承受一个弹性力 $F$,这一弹性力 $F$ 使两粒子间接触点处发生微小的形变,如图 3-21(b)所示。粒子间的弹性力 $F$ 可表示为

$$F = \frac{2}{3} \frac{E}{1-\nu^2} \frac{a^3}{r_1} \tag{3-9}$$

其中,$E$ 为粒子杨氏弹性模量,又称拉伸模量,是描述固体材料抵抗形变能力的物理量;$\nu$ 为粒子泊松比,是指材料在单向受拉或受压时,横向正应变与轴向正应变的绝对值的比值,也称横向变形系数,它是反映材料横向变形的弹性常数;$a$ 为接触半径;$r_1$ 为凸起或尖端的近似半径。

另外,根据宏观的电阻计算公式,接触点处的集中电阻可近似表示为

$$R_C = \frac{\rho_T}{2a} \tag{3-10}$$

其中,$\rho_T$ 为粒子晶粒相的体电阻。

利用式(3-9)求解出接触半径 $a$ 的表达式并代入式(3-10)中,得到如下关系式:

$$R_C = \frac{1}{2} \rho_T \left[ \frac{2E}{3(1-\nu^2)Fr_1} \right]^{\frac{1}{3}} \tag{3-11}$$

从式(3-11)中可以看出,粒子间的接触电阻与接触点处凸起或尖端等效半径 $r_1$ 的 1/3 次方成反比。而实际上,复合材料存在大量的粒子间绝缘电阻,粒子间的接触也具有随机性,因此凸起或尖端的等效半径 $r_1$ 的也具有随机性,并不能直接测量或计算得到。但是一般情况下,对于某种粒子,其表面凸起或尖端的等效半

径 $r_1$ 与粒子平均粒径呈正相关关系,可以认为粒子的平均粒径越大,粒子表面的凸起或尖端的等效半径越大。由此可以得到复合材料电阻与填充粒子平均粒径的关系:

$$R \propto \left(\frac{1}{r}\right)^{\frac{1}{3}} \tag{3-12}$$

因此,可以认为复合材料的电导率与 SiC 粒子的平均粒径呈正相关关系。这就解释了图 3-20 中复合材料电导率随粒子平均粒径增大而增大的现象。许多学者在研究导电或半导电复合材料电导率时也获得过相似的实验结果,例如,在环氧树脂中添加平均粒径为 $150\mu m$ 的 $TiB_2$ 粒子,其电导率是添加相同量的平均粒径为 $50\mu m$ 的 $TiB_2$ 的环氧树脂的五倍;在橡胶材料中添加平均粒径 $1\mu m$ 的 Ag 粒子,其电导率比平均粒径为 $0.5\mu m$ 的对照试样小了一个数量级[11]。

需要说明的是,上述公式只在粒子粒径在数百纳米至数百微米的范围内适用。对填充纳米级的导电和半导电颗粒的复合材料来说,其电导率并不符合上述规律。这是由于纳米颗粒具有极高的比表面积,庞大的纳米粒子-基体界面区域使得纳米复合材料具有许多不同于传统材料的性质。

### 3.6.2 粒子形貌对硅橡胶复合材料非线性电导特性的影响机理

粒子形貌对复合材料非线性电导特性的影响机理可以用图 3-22 表示。对于 $\alpha$ 型填充的硅橡胶试样,电荷输运过程需要通过大量的绝缘晶界,这就大大阻碍了其电荷的输运过程。而 $\beta$ 型 SiC 粒子具有类似于碳纳米管的二维结构,形成了电荷的纵向传输通道。相对于一维 $\alpha$ 型 SiC,在相同含量 SiC 的填充情况下,$\beta$ 型 SiC 提供了更多的扩展态电导输运通道,同时显著减少了绝缘晶界处的跳跃电导过程,如图 3-22(b)所示。因此,$\beta$ 型 SiC 在硅橡胶基体中更易形成有效的电荷输运通道,提高载流子迁移率。在相同的外施电场下,$\beta$ 型 SiC 填充的硅橡胶试样非线性电导要明显大于 $\alpha$ 型 SiC 粒子填充试样电导。

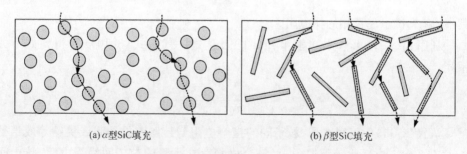

(a) $\alpha$ 型SiC填充　　　　　　(b) $\beta$ 型SiC填充

图 3-22　SiC 形貌对硅橡胶试样非线性电导特性影响示意图

## 3.7 粒子形貌对 SiC/硅橡胶复合材料空间电荷特性的影响

### 3.7.1 极化过程粒子形貌对空间电荷特性的影响

图 3-23 是 50kV/mm 直流电场强度下不同形貌 SiC 粒子填充的硅橡胶试样空间电荷和电场强度分布特性。图 3-23(a)～(h)中黑色箭头代表的就是空间电荷密度与电场强度随时间变化的趋势。从图中可以看到,$\alpha$-0.45$\mu$m 试样中空间电荷的积聚最为明显,在试样内部靠近阳极区域有大量负极性空间电荷积聚,且空间电荷密度随着极化时间的延长而不断增大,试样内部负极性空间电荷也不断增多。当极化时间达到 1800s 时,硅橡胶试样内部积聚了大量的负极性空间电荷,最大空间电荷密度约为 5.5C/m$^3$。空间电荷的积聚导致试样内部电场发生严重畸变,从图 3-23(b)中可以看到,在极化时间为 60s 时,试样内部靠近阳极的区域,局部电场与空间电荷感应电场叠加导致阳极附近局部电场强度增大;而在靠近阴极的区域,由于负极性电荷的积聚而使局部电场强度明显减弱。在极化时间达到 1800s 时,阳极附近畸变最严重处的局部电场强度接近 90kV/mm,而阴极附近电场强度仅约为 30kV/mm。

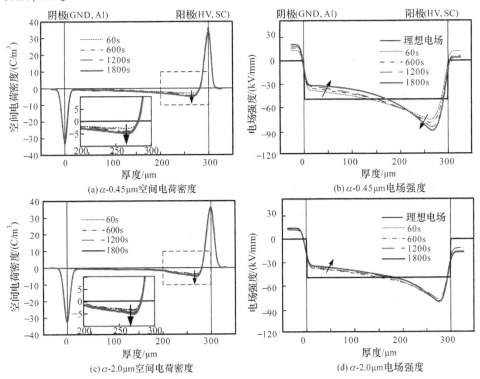

(a) $\alpha$-0.45$\mu$m空间电荷密度

(b) $\alpha$-0.45$\mu$m电场强度

(c) $\alpha$-2.0$\mu$m空间电荷密度

(d) $\alpha$-2.0$\mu$m电场强度

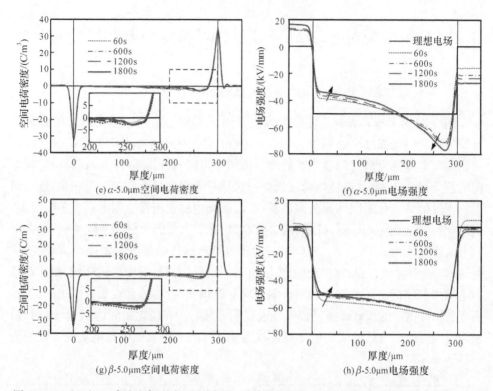

图 3-23　50kV/mm 直流电场强度下不同 SiC 形貌的硅橡胶复合材料空间电荷与电场强度分布

对比图 3-23(a)、(c)、(e)可以发现,随着 SiC 粒径的增大,硅橡胶试样中空间电荷的积聚量减少;对于 SiC 粒径为 5.0μm 的试样,极化过程结束时,其内部空间电荷密度最大值仅有 3.2C/m³。同时,由空间电荷引起的电场畸变也明显削弱。四组试样的非线性电导率数据表明,对于 SiC 质量分数相同的 SiC/硅橡胶非线性复合材料,SiC 平均粒径越大,复合材料在非线性区内电导率越大,使得电荷消散加快,从而减少空间电荷积聚。

对比图 3-23(e)和(g)可以发现 SiC 粒子形貌对空间电荷的影响规律:与颗粒状 SiC 填充试样相比,在粒子平均粒径相同情况下,β 型 SiC 填充的硅橡胶试样空间电荷积聚量明显减少。在极化过程中,阳极附近积聚的负极性空间电荷密度出现先增大后减小的趋势,这是由于在极化初始阶段,负极性空间电荷在阳极附近区域积聚;电荷积聚造成的电场畸变增大了其非线性电导,从而加快了空间电荷的消散,使得电荷密度出现减小的趋势。在极化过程结束时刻,其空间电荷密度最大值仅为 2.3C/m³,同时电场畸变程度较前者显著减弱,最大电场仅为 65kV/m。结合 3.6 节中粒子形貌对复合材料非线性电导率影响的实验结果表明,β 型 SiC 的二维结构可以为空间电荷提供输运的通道,使得空间电荷的消散速率明显快于一维

α 型粒子填充试样,从而抑制空间电荷的积聚和电场畸变程度。

### 3.7.2　去极化过程粒子形貌对空间电荷特性的影响

图 3-24 为 50kV/mm 极化 30min 后去极化过程中不同 SiC 含量硅橡胶复合材料的空间电荷分布情况。从图中可以看出,在去极化过程初始阶段,α-0.45μm、α-2μm 和 α-5μm 三组试样在试样两侧靠近电极的区域均有大量的负极性空间电荷积聚。在去极化过程中空间电荷逐渐消散:α-0.45μm 和 α-2μm 两组试样空间电荷消散较慢,在去极化时间达到 600s 时,阳极附近的区域仍有较多的负极性空间电荷积聚,最大电荷密度均超过 0.5C/m³。而填充 α-5μm SiC 的硅橡胶试样,其空间电荷消散明显快于前两组试样的消散,表明更多的电荷处于更浅陷阱中,其在感应电场作用下更容易发生连续的入陷-脱陷过程而发生消散。在去极化时间达到 600s 时,其试样内部只有在靠近阳极区域有少量负极性电荷积聚,最大电荷密度约为 0.3C/m³。去极化过程中粒子粒径对空间电荷的影响规律与极化过程相一致。

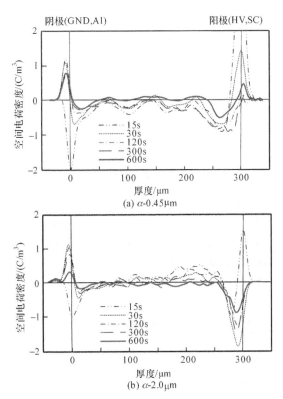

(a) α-0.45μm

(b) α-2.0μm

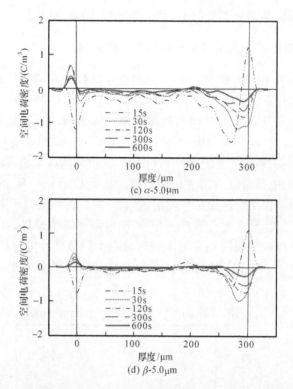

图 3-24　去极化过程中不同 SiC 含量硅橡胶复合材料的空间电荷分布

　　进一步对比粒子形貌对空间电荷去极化过程的影响。从图 3-24(d) 中可以看到,在极化过程结束后,空间电荷开始快速消散,当去极化时间达到 15s 时,试样中间位置已经几乎没有空间电荷积聚,此时空间电荷主要积聚在试样两侧靠近电极的区域。靠近两侧电极区域的空间电荷进一步快速消散,在去极化结束时,其内部空间电荷积聚量为四组试样中最少的。结合 3.6 节中粒子形貌对复合材料电导率的影响规律可知,随着非线性区内电导率的增大,去极化过程中电荷消散加快。另外,综合对比粒子粒径与形貌对电导率与电荷特性的影响可以发现,粒子形貌对电荷消散速率的影响要远大于粒径对电荷消散速率的影响。

## 3.8　粒子形貌对 SiC/硅橡胶复合材料陷阱特性的影响

### 3.8.1　粒子形貌对表面电位衰减特性的影响

　　图 3-25 为四组不同形貌 SiC 填充硅橡胶试样正、负极性表面电位的衰减特性。实验条件为:针电极电压幅值为 ±8kV,对应的栅极电压幅值分别为 ±6kV,

电晕充电时间为 10min。对比四组试样的初始表面电位可以发现,对于三种不同粒径的 $\alpha$ 型 SiC 填充硅橡胶试样,随着粒子粒径的增大,初始表面电位逐渐减小;同时,$\beta$ 型 SiC/硅橡胶复合材料初始表面电位明显低于 $\alpha$ 型 SiC 填充硅橡胶试样。

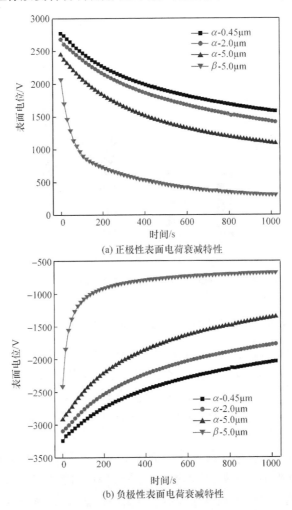

(a) 正极性表面电荷衰减特性

(b) 负极性表面电荷衰减特性

图 3-25　不同 SiC 形貌填充的硅橡胶复合材料表面电位的衰减特性

进一步观察图 3-25 中各条曲线的消散过程并结合复合材料的非线性电导特性可以发现,随着复合材料非线性电导率逐渐增大,表面电位衰减逐渐加快。为了定量地对比各组试样的消散速率,图 3-26 列出了各组试样消散时间为 10min 时的表面电位衰减率。由表可以看到,对于三种不同粒径的 $\alpha$ 型 SiC,随着粒子平均粒径从 0.45μm 增大到 5μm,表面电位衰减率逐步提高,正、负极性表面电位衰减率分别从 34% 和 29% 提高至 46% 和 44%;同时,$\beta$ 型 SiC/硅橡胶试样正、负表面电位衰减率分别为 79％和 69％，远高于其他三组 α 型 SiC 填充硅橡胶试样。SiC/硅橡胶复合材料非线性电导率的增大可以提高表面电荷消散速率，这与之前的实验结果相似。

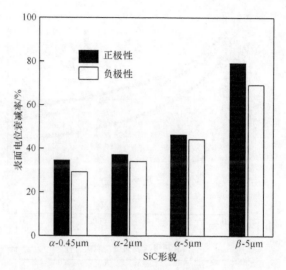

图 3-26　不同 SiC 形貌填充的硅橡胶复合材料的表面电位衰减率

### 3.8.2　粒子形貌对陷阱能级分布及载流子迁移率的影响

　　根据四组试样的表面电位衰减特性，得到各组试样的空穴与电子陷阱能级分布，如图 3-27 所示。由图可以看到，各组试样陷阱能级分布均包含两个陷阱峰值。这表明含量为 30wt％的四种不同 SiC 形貌粒子填充均会引入新的陷阱能级。对双峰形曲线进行二次拟合，得到各组试样较深、较浅陷阱的深度与峰面积（密度），如表 3-8 所示。

　　对于三组不同粒径的 α 型 SiC 粒子填充硅橡胶试样，其较深的空穴陷阱和电子陷阱深度均为 0.91～0.93eV，此陷阱为硅橡胶材料的本征深陷阱。实验结果表明，SiC 粒子的填充并不影响硅橡胶本征深陷阱的能级，但本征深陷阱密度可明显减小。同时，SiC 粒子的添加在试样中引入了一个陷阱深度为 0.85eV 的陷阱，并且新引入的较浅陷阱密度随 SiC 粒子平均粒径的增大而逐渐增大。较浅陷阱密度的增大与较深陷阱密度的减小使得电荷更易在热激发作用下发生脱陷过程，从而加速表面与空间电荷的消散。

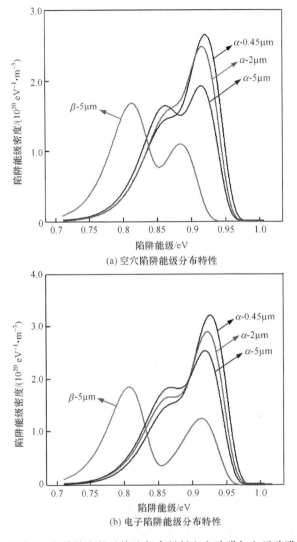

图 3-27　不同 SiC 形貌填充的硅橡胶复合材料空穴陷阱与电子陷阱能级分布

表 3-8　不同 SiC 形貌填充的硅橡胶复合材料陷阱深度及密度拟合结果

| SiC 形貌 | | 空穴陷阱 | | 电子陷阱 | |
|---|---|---|---|---|---|
| | | 陷阱深度/eV | 密度/(eV⁻¹·m⁻³) | 陷阱深度/eV | 密度/(eV⁻¹·m⁻³) |
| $\alpha$-0.45$\mu$m | 较浅陷阱 | 0.85 | $6.01\times10^{18}$ | 0.85 | $6.17\times10^{18}$ |
| | 较深陷阱 | 0.92 | $1.84\times10^{19}$ | 0.93 | $2.23\times10^{18}$ |

| SiC 形貌 | | 空穴陷阱 | | 电子陷阱 | |
|---|---|---|---|---|---|
| | | 陷阱深度/eV | 密度/$(eV^{-1} \cdot m^{-3})$ | 陷阱深度/eV | 密度/$(eV^{-1} \cdot m^{-3})$ |
| $\alpha$-2μm | 较浅陷阱 | 0.85 | $6.15 \times 10^{18}$ | 0.85 | $7.22 \times 10^{18}$ |
| | 较深陷阱 | 0.92 | $1.74 \times 10^{19}$ | 0.92 | $2.01 \times 10^{19}$ |
| $\alpha$-5μm | 较浅陷阱 | 0.85 | $7.95 \times 10^{18}$ | 0.85 | $8.01 \times 10^{18}$ |
| | 较深陷阱 | 0.92 | $1.34 \times 10^{19}$ | 0.91 | $1.77 \times 10^{19}$ |
| $\beta$-5μm | 较浅陷阱 | 0.81 | $9.77 \times 10^{18}$ | 0.81 | $1.15 \times 10^{19}$ |
| | 较深陷阱 | 0.88 | $7.53 \times 10^{18}$ | 0.90 | $8.44 \times 10^{18}$ |

而对于 $\beta$ 型 SiC 填充/硅橡胶试样,其较深陷阱、较浅陷阱的深度均会发生明显的变化。其中,新引入较浅陷阱深度约为 0.81eV,明显低于 $\alpha$ 型 SiC 粒子填充试样,同时陷阱深度为 0.92eV 处的硅橡胶的本征深陷阱也显著减少。这表明 $\beta$ 型 SiC 粒子可以引入比 $\alpha$ 型 SiC 粒子更浅的陷阱。陷阱能级减小可能是由两种形貌粒子所形成的不同导电通道引起的,$\beta$ 型粒子的特殊二维结构为电荷提供了纵向导电通道,形成更多的扩展态导电输运通道,而显著减少了绝缘晶界处的跳跃电导过程。相对于 $\alpha$ 型 SiC 粒子形成的导电通道,电荷更容易在自身激发电场作用下通过晶须组成的三维网状导电通道向地电极迁移,进而显著加快空穴和电子的脱陷过程,这使得 $\beta$ 型粒子引入的新陷阱具有更浅的陷阱深度。

另外,对比四组试样空穴与电子陷阱密度发现,电子陷阱密度均明显高于空穴陷阱密度。这就表明,消散过程中空穴比电子更容易发生连续的入陷-脱陷过程而向地电极迁移,这也就解释了图 3-26 中正极性表面电荷的衰减率要明显高于负极性的原因。

根据表面电位的衰减过程进一步计算得到不同 SiC 形貌填充硅橡胶试样的空穴和电子传输时间与载流子迁移率,如表 3-9 所示。从表中可以看到,四组试样的载流子迁移率的变化规律与表面电荷的消散速率一致:四组试样中 $\beta$ 型 SiC/硅橡胶试样的载流子迁移率最大,比 $\alpha$ 型 SiC 填充试样大一个数量级;对于三组 $\alpha$ 型 SiC 粒子填充试样,随着粒子平均粒径逐渐增大,电荷的传输时间逐渐缩短,载流子迁移率逐渐增大。同时,实验结果表明,粒子形貌对载流子迁移率的影响要远强于粒子粒径的影响。

表 3-9　不同 SiC 形貌填充的硅橡胶复合材料传输时间及载流子迁移率

| 形貌填充 | 电荷类型 | 传输时间/s | 载流子迁移率/[m²/(V⁻¹·s⁻¹)] |
|---|---|---|---|
| α-0.45μm | 空穴 | 199 | $1.64×10^{-13}$ |
| | 电子 | 158 | $1.73×10^{-13}$ |
| α-2μm | 空穴 | 147 | $2.28×10^{-13}$ |
| | 电子 | 131 | $2.23×10^{-13}$ |
| α-5μm | 空穴 | 125 | $2.94×10^{-13}$ |
| | 电子 | 102 | $3.21×10^{-13}$ |
| β-5μm | 空穴 | 35 | $1.25×10^{-12}$ |
| | 电子 | 33 | $1.13×10^{-12}$ |

　　综合上述电导率、空间电荷与陷阱特性实验结果可以得出，$α$ 型 SiC 粒子粒径增大和 $β$ 型 SiC 添加均会提高硅橡胶试样的非线性电导率，加快空穴与电子脱陷过程，从而加速电荷的消散，抑制空间与表面电荷的积聚。

# 3.9　混杂颗粒填充对硅橡胶复合材料电导及电荷特性影响初探

## 3.9.1　混杂颗粒填充对硅橡胶复合材料非线性电导特性的影响

　　前面展示了 SiC 粒子含量、粒径大小与粒子形貌对硅橡胶复合材料电导率与电荷特性的影响。所使用的 SiC 晶粒尺寸均为微米级，而当颗粒尺寸达到纳米级时，纳米颗粒所特有的表面效应、量子尺寸效应、小尺寸效应与宏观量子隧道效应会使得复合材料具有某些特殊的性质。Tanaka 等认为，纳米颗粒与有机物基体间的相互作用界面对复合介质的性能起到至关重要的作用，并提出了多核理论模型用于解释纳米颗粒对复合电介质性能的影响机理。多核理论将纳米粒子与聚合物基体间的界面区域分为以下几个部分，即键合层、束缚层、松散层、与上述三层叠加的偶电层等多层模型[4]。纳米复合材料中庞大的界面区影响纳米复合绝缘材料在电性能、导热性能、力学性能等多方面的特性，以含量为 5wt％粒径为 40nm 的纳米粒子为例，体系中粒子周围总比表面积达到 $3.5km^2/m^3$，是同样含量直径为 $100μm$ 粒子比表面积的上千倍[12]。

　　本节对微米和纳米 SiC 颗粒混杂添加的硅橡胶试样电导率与电荷特性进行简单介绍。采用 $α$ 型粒径为 $5.0μm$、含量为 15wt％与粒径为 50nm、含量为 15wt％的 SiC 混杂填充硅橡胶试样，并与 $α$ 型粒径为 $5.0μm$、含量为 30wt％的 SiC 填充硅橡胶试样进行对比。图 3-28 表示两组试样非线性电导特性。

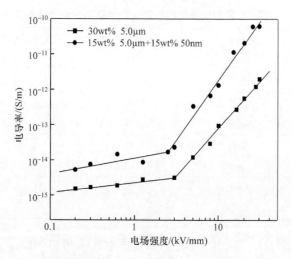

图 3-28　混杂颗粒填充对 SiC/硅橡胶复合材料电导率的影响

从图中可以看到,在总添加量相同的情况下,微米 SiC 与纳米 SiC 混杂填充的硅橡胶试样电导率明显高于纯微米 SiC 填充试样。特别是在非线性区内,微米和纳米两种颗粒混杂填充试样的电导率随电场强度增大而快速增大,非线性系数为 1.38,远大于纯微米 SiC 填充试样的非线性系数(1.07),同时非线性阈值电场也有所减小。

图 3-29 为上述两组 SiC/硅橡胶复合材料断面的 SEM 图片。由图可以发现,在相同添加量的情况下,仅添加微米颗粒试样内部粒子间存在大量的绝缘晶界,而混杂颗粒填充明显增多了硅橡胶试样中无机颗粒数量,纳米颗粒均匀分布在微米颗粒之间,显著减小了相邻晶粒相间的绝缘晶界距离。

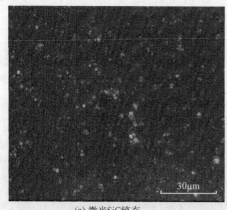

(a) 微米SiC填充　　　　　　　　　　　(b) 纳米、微米SiC混杂填充

图 3-29　SiC/硅橡胶复合材料断面微观形貌

微米和纳米颗粒混杂填充试样非线性电导率的增大可以归因于纳米颗粒的小

尺寸效应与表面效应。在相同添加量的情况下,微米级粒子尺寸较大,粒子间存在大量间隙较宽的绝缘晶界,粒子间等效电阻较大,影响了电荷在相邻粒子间的输运过程。而图 3-30 所示的对于微米和纳米颗粒混杂填充硅橡胶试样,纳米 SiC 颗粒有效地填充了微米颗粒间较大的绝缘晶界,使得晶区分布更加密集,而绝缘晶界距离明显减小,从而使试样内部形成更多的可供电荷传输的通道,增大了复合材料的非线性电导率。微米和纳米颗粒混杂填充对非线性电导率的提高也会影响复合材料空间电荷特性。

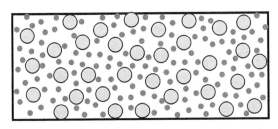

图 3-30　混杂颗粒填充对硅橡胶试样非线性电导特性影响示意图

### 3.9.2　混杂颗粒填充对硅橡胶复合材料空间电荷特性的影响

图 3-31 为 50kV/mm 直流电场强度下的混杂 SiC 颗粒填充硅橡胶试样与纯微米填充硅橡胶试样空间电荷和电场强度分布特性。由图可以看出,两组试样均只在阳极附近区域有少量负极性电荷积聚。进一步对比两组试样阳极附近区域的局部放大图可以发现,对于纯微米 SiC 颗粒填充的硅橡胶试样,随着极化时间的延长,负极性电荷逐渐向阳极迁移,在阳极附近区域形成负极性电荷的积聚;同时,负极性电荷的积聚也使得阳极附近区域电场增强。而对于微米和纳米颗粒混杂的硅橡胶试样,在极化过程开始阶段,阳极附近区域有少量的负极性电荷积聚,使得阳极附近局部电场发生畸变[图 3-31(d)];结合 3.9.1 节中复合材料的电导特性,局

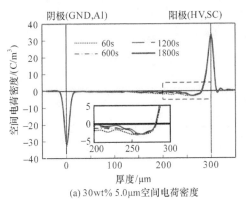

(a) 30wt% 5.0μm空间电荷密度

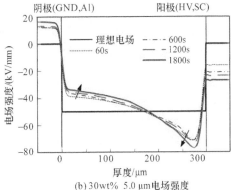

(b) 30wt% 5.0μm电场强度

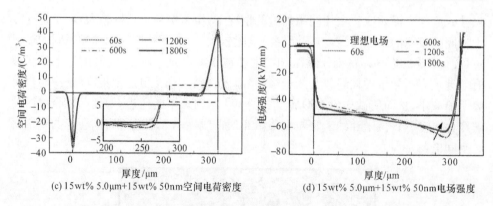

(c) 15wt% 5.0μm+15wt% 50nm空间电荷密度　　　　(d) 15wt% 5.0μm+15wt% 50nm电场强度

图 3-31　50kV/mm 下混杂 SiC 颗粒填充硅橡胶和纯微米填充硅橡胶
试样空间电荷与电场强度分布

部电场畸变进一步提高了混杂填充试样的电导率,从而加快了负极性电荷向阳极迁移和消散过程,使得阳极附近区域空间电荷积聚量减少,同时电场畸变程度逐渐减弱。在极化过程结束时刻,混杂填充试样空间电荷积聚量远少于纯微米填充试样。

图 3-32 为 50kV/mm 极化 30min 后去极化过程中纯微米填充硅橡胶和混杂

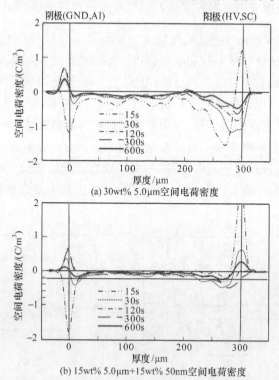

(a) 30wt% 5.0μm空间电荷密度

(b) 15wt% 5.0μm+15wt% 50nm空间电荷密度

图 3-32　去极化过程中纯微米填充硅橡胶和混杂 SiC 填充硅橡胶复合材料空间电荷分布

SiC 填充硅橡胶复合材料的空间电荷分布情况。由图可以看出,在去极化 15s 时刻,纯微米填充的硅橡胶试样内部有较多的空间电荷积聚,最大空间电荷密度约为 $1.5C/m^3$。随着去极化过程的进行,试样内部负极性电荷快速消散;去极化过程结束时,试样靠近阳极的区域仍有空间电荷积聚,最大空间电荷密度约为 $0.5C/m^3$。

对于混杂填充试样,在去极化 15s 后,仅在阳极附近区域有少量的空间电荷积聚。随着去极化过程进行,电荷快速消散,当极化时间达到 600s 时,试样内部最大空间电荷密度仅为 $0.2C/m^3$。空间电荷去极化过程的实验结果同样表明,在总添加含量相同的情况下,微米和纳米颗粒混杂填充比纯微米填充能够更明显地提高空间电荷消散速率,抑制空间电荷的积聚。

综合上述,电导率、空间电荷与陷阱特性实验结果表明,微米和纳米颗粒混杂填充能够显著缩短 SiC 粒子间绝缘晶界距离,形成更多的电荷输运通道,从而明显增大复合材料的非线性电导率,更有效地抑制空间电荷的积聚。

## 参 考 文 献

[1] 陈季丹,刘子玉. 电介质物理学[M]. 北京:机械工业出版社,1982.

[2] Liu C Y, Zheng X Q, Peng P. The nonlinear conductivity experiment and mechanism analysis of modified polyimide(PI)composite materials with inorganic filler[J]. IEEE Transactions on Plasma Science, 2015, 43(10):3727-3733.

[3] 钟力生,李盛涛,徐传骧,等. 工程电介质物理与介电现象[M]. 西安:西安交通大学出版社,2013.

[4] Tanaka T, Kozako M, Fuse N, et al. Proposal of a multi-core model for polymer nanocomposite dielectrics[J]. IEEE Transactions on Dielectrics and Electrical Insulation, 2005, 12(4):669-681.

[5] Nelson J K, Hu Y. The Impact of nanocomposite formulations on electrical voltage endurance[C]//Proceedings of the 2004 IEEE International Conference on Solid Dielectrics, Toulouse, 2004:832-835.

[6] Nelson J K, Utracki L A, Maccrone R K, et al. Role of the interface in determining the dielectric properties of nanocomposites[C]//IEEE Conference on Electrical Insulation and Dielectric Phenomena, Colorado, 2004:314-317.

[7] Ziari Z, Sahli S, Bellel A, et al. Simulation of surface potential decay of corona charged polyimide[J]. IEEE Transactions on Dielectrics and Electrical Insulation, 2011, 18(5):1408-1415.

[8] Zhang L, Xu Z, Chen G. Decay of electric charge on corona charged polyethylene[J]. Journal of Physics D: Applied Physics, 2008, 142(6):7085-7089.

[9] Ziari Z, Sahli S, Bellel A. Mobility dependence on electric field in low density polyethylene (LDPE)[J]. Moroccan Journal of Condensed Matter, 2010, 12(3):223-226.

[10] Holm R, Holm E. Electric Contacts:Theory and Application[M]. Berlin:Springer-Verlag, 1967.

[11] Ruschau G R, Yoshikawa S, Newnham R E. Resistivities of conductive composites[J]. Journal of Applied Physics, 1992, 72(3):953-959.

[12] Tanaka T, Kozako M, Fuse N, et al. Proposal of a multi-core model for polymer nanocomposite dielectrics[J]. IEEE Transactions on Dielectrics and Electrical Insulation, 2005, 12(4): 669-681.

# 第 4 章　基于非线性电导的直流电缆附件界面电荷调控方法

## 4.1　SiC/EPDM 复合材料介电特性

根据 Clausius-Mosotti-Debye 方程，电介质的相对介电常数可表示为

$$\frac{\varepsilon_r - 1}{\varepsilon_r + 2} = \frac{N}{3\varepsilon_0}(\alpha_e + \alpha_i + \alpha_d + \alpha_r) \tag{4-1}$$

其中，$\varepsilon_r$ 为相对介电常数；$N$ 为由单位体积内分子数；$\alpha$ 为极化率，$\alpha_e$、$\alpha_i$、$\alpha_d$ 和 $\alpha_r$ 分别为由电子、离子、分子偶极转向和由空间电荷诱发的极化率，各分量之间的差异主要是由极化机理和极化时间造成的。假设主要考虑分子偶极转向极化率 $\alpha_d$[1]，根据 CM/LL(Clausius-Mossotti/Lorentz-Lorenz)模型，混合物的介电常数遵循如下规律[2]：

$$\frac{\varepsilon_{mix} - 1}{\varepsilon_{mix} + 2} = \sum_i \frac{\varepsilon_i - 1}{\varepsilon_i + 2} \tag{4-2}$$

其中，$\varepsilon_{mix}$ 为混合物的介电常数；$\varepsilon_i$ 为组成物质的介电常数。加入一种介电常数较大的填料会增大混合物的介电常数。

图 4-1 是不同含量 SiC 填充的 EPDM 复合材料和 LDPE 相对介电常数随频率的变化关系。结果表明，随着 SiC 体积分数的增大，SiC/EPDM 复合材料的极化程度增强。这是因为 SiC 填料具有较大的相对介电常数(9.66~10.03)和极化率[3]，根据

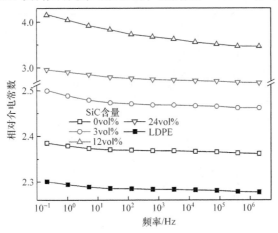

图 4-1　SiC/EPDM 复合材料和 LDPE 相对介电常数随频率的变化关系

式(4-2)，当 SiC 体积分数增大时，复合材料介电常数也会增大。根据 Simha-Somcyn-sky 方程，微米级颗粒的添加会减小复合材料的自由体积[4]，自由体积的减小导致单位体积分子量增大，极化率一定时介电常数增大。

## 4.2　SiC/EPDM 复合材料非线性电导特性

将聚合物电导率随电场强度的变化规律划分为两个区域，即低场区和高场区，并分别对低场和高场区域内不同电场强度下的电导率进行线性回归，最终得到 lgσ-lgE 曲线。可以发现，两条回归线交于一点，这一点所对应的横坐标值定义为非线性电导阈值电场。即当电压超过某一值时，电极界面注入电荷快速上升，使其超过稳态热平衡的电荷密度并且电流密度快速上升，同时体内的载流子增殖过程加快，因此电导率随电场强度增加而快速增大[5]。图 4-2 是不同体积分数 SiC 填充的 EPDM 复合材料和纯 LDPE 在不同电场强度下的电导特性。结果显示，对于 LDPE 试样，当施加较低电场强度时，其电导电流与所施加电压应服从欧姆定律，可以认为其电导率并不随电场强度的变化而变化，但当施加电场强度超过 12kV/mm 时，试样电导率随电场强度的提高而出现明显增大。对于纯 EPDM 试样，在低场区（<13.5kV/mm）出现了与 LDPE 类似的现象，而实际试样制备过程中加入硫化剂等会引入一定的杂质，因此从图中可以发现其电导率随施加电场强度的增大而略有增大。当施加电场强度超过 13.5kV/mm 时，试样电导率随电场强度的增大而出现明显的增大趋势。具体而言，这种随电场变化而出现非线性电导现象的主要原因分为两方面：一是电场强度增大降低了电极-介质势垒宽度，使得载流子更加容易从电极向介质内部注入；二是电场会增强陷阱中俘获的电子或空穴热激发过程，导致载流子克服库仑势垒的约束而迅速增加，这就是 Poole-Frenkel 效应[6,7]。

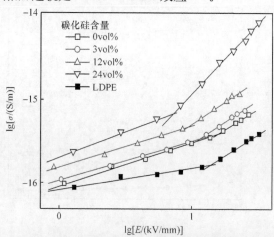

图 4-2　SiC/EPDM 复合材料和 LDPE 电导率随电场强度的变化关系

对于 SiC 含量为 3vol％的试样,其电导率相对纯 EPDM 试样略有增大,这是由于填充到 EPDM 基体中 SiC 粒子增加了试样中的载流子浓度,导致其直流电导率增大。从图中可以看到,3vol％试样的直流电导特性与纯 EPDM 试样具有非常相似的趋势,在较低电场强度下电导率基本略有上升,而在较高电场强度($>$10.5kV/mm)下出现电导率非线性增大现象,这表明含量为 3vol％的 SiC 填充并没有从根本上影响 EPDM 试样的电导特性。根据经典逾渗理论,当聚合物中导电或半导电颗粒填充含量较低时,其内部填料颗粒间距较大,因此在空间上彼此独立,这使得载流子很难在相邻的填充颗粒之间发生跃迁,此时复合材料的电导特性依然取决于聚合物基体的电导特性。

而对于 SiC 含量为 12vol％和 24vol％的两组试样,其不同电场强度下的直流电导率都远大于纯 EPDM 和 3vol％ SiC 试样。可以发现,当施加的电场强度超过某一临界电场强度后,12vol％ SiC 和 24vol％ SiC 两组试样的电导率均随电场强度的增强而呈现指数性的增大。在相同电场强度下,随着 SiC 体积分数增大,复合材料的电导率也增大,表现为高填充浓度的复合材料电导率对电场强度的依赖性更强。

为了进一步分析 SiC 体积分数对 EPDM 电导率的影响规律,对各组试样的电导率数据做如下处理。以 24vol％ SiC 试样为例,非线性区内电导率随电场的变化关系可以用如下公式表示:

$$\sigma = \alpha E^{\beta} \tag{4-3}$$

其中,$\sigma$ 为电导率;$E$ 为电场强度;$\alpha$ 为与电导率相关的常数;$\beta$ 为非线性系数,可表征电导率随电场变化的大小。对式(4-3)取对数后可以得到式(4-4),发现非线性系数 $\beta$ 即为图 4-2 中 lg$\sigma$-lg$E$ 曲线的斜率。

$$\lg\sigma = \lg\alpha + \beta\lg E \tag{4-4}$$

对不同 SiC 体积分数的 EPDM 试样做如上处理后即可得到各组试样非线性电导率的阈值电场强度和非线性系数,见表 4-1。

**表 4-1　SiC/EPDM 复合材料非线性电导率的阈值电场强度和非线性系数**

| SiC 粒子含量/vol％ | 阈值电场强度/(kV/mm) | 非线性系数 $\beta$ |
|---|---|---|
| 0 | 13.5 | 1.65 |
| 3 | 10.4 | 1.70 |
| 12 | 9.1 | 1.82 |
| 24 | 7.1 | 2.51 |

可以看出,SiC 含量为 12vol％和 24vol％两组试样的阈值电场强度分别为 9.1kV/mm 和 7.1kV/mm,要小于 0vol％和 3vol％试样的阈值电场强度(13.5kV/mm 和 11.4kV/mm)。同时,随着 SiC 含量的增加,非线性阈值电场强

度逐渐减小,非线性系数逐渐增大。研究认为,大于 12vol% 的 SiC 颗粒加入使得 EPDM 复合材料具有非线性电导特性。与低填充浓度相比,高浓度填充使得 SiC 粒子间距随填充含量的增大而迅速减小,同时界面的数量增加,界面电导率对复合材料整体电导率的贡献逐渐取代聚合物基体电导率的作用。此时需要考虑界面处导电行为对材料电导率的影响,在电场作用下载流子需要克服填料-基体间的界面势垒从填料跃迁至基体,或者克服基体-填料间势垒从基体跃迁至填料,当电场强度增大时,界面势垒发生倾斜,使载流子更容易发生跃迁参与导电,同时较大体积分数的填充增加了载流子浓度。为了研究 SiC 颗粒填充对电荷输运过程的影响机理,下面对复合材料电导率与电荷输运的陷阱特性进行进一步研究。

聚合物复合电介质具有其本征陷阱,而无机填料会引入新的陷阱,当电场强度超过某一阈值时,电导电流就变为陷阱限制空间电荷限制电流(trap-limited space-charge-limited current,TCLC),此时的电导率与电场强度关系是由陷阱的能级分布决定的。假设单位能量陷阱密度 $h(\Delta U)$ 按指数分布:

$$h(\Delta U) = \frac{H}{kT_c} \cdot \exp\left(-\frac{\Delta U}{kT}\right) \tag{4-5}$$

其中,$\Delta U$ 为相对价带顶部或导带底部的陷阱深度;$H$ 为总陷阱密度;$T_c$ 为陷阱分布的特征温度。同时,研究表明阈值电场强度 $E_{threshold}$ 和介质内陷阱的深度有关,可用式(4-6)表示[8]:

$$E_{threshold} \propto \exp\left(-\frac{\Delta U}{kT}\right) \tag{4-6}$$

其中,$k$ 为玻尔兹曼常量;$T$ 为热力学温度;$\Delta U$ 为陷阱深度。因此,根据阈值电场强度 $E_{threshold}$ 的值可以推测不同无机颗粒填充浓度的复合电介质内部陷阱深度[9]。此处可以估算陷阱深度的变化规律为 $\Delta U(24\text{vol}\%) < \Delta U(12\text{vol}\%) < \Delta U(3\text{vol}\%) < \Delta U(0\text{vol}\%)$。接下来,基于空间电荷去极化过程可以计算出复合电介质内部的陷阱深度分布情况,同时对比阈值电场强度 $E_{threshold}$ 推测的陷阱深度关系和空间电荷去极化过程得出陷阱变化规律。

# 4.3　SiC/EPDM 复合材料表面电荷动态特性

### 4.3.1　填充浓度对 SiC/EPDM 复合材料表面电荷特性的影响

利用表面电荷特性研究 SiC 填充对 SiC/EPDM 复合材料电荷输运的影响规律。其中,图 4-3 为 6kV 下不同填充浓度的 SiC/EPDM 复合材料表面电位与消散时间的变化关系。从图 4-3(a)中可以看出,未填充 EPDM 表面电位衰减较慢,经过 1500s 后仅下降了约 5%;而经过 SiC 填充的试样表面电位在开始阶段衰减较快,经过一定时间后会达到一个平稳阶段,表面电位的变化就非常缓慢;随 SiC 填充浓度从 0vol% 增加到 24vol%,试样的初始表面电位逐渐减小,消散也逐渐加快;图 4-3(b)中负极性表面电位的变化规律与图 4-3(a)相似。

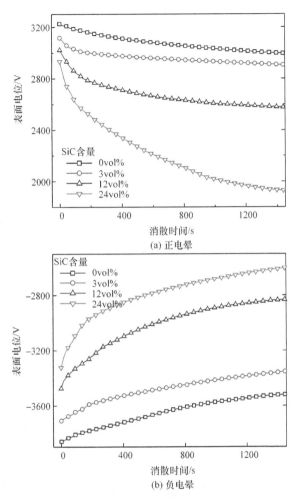

(a) 正电晕

(b) 负电晕

图 4-3　SiC/EPDM 复合材料表面电位与消散时间的变化关系

此外对比图 4-3(a)与(b)发现,对各组试样来说,测量结束或消散过程中负极性表面电位比正极性表面电位要高。这是由于相同电晕电压下,负极性电晕放电更为剧烈,负电荷更容易在试样表面积聚,因此负极性表面电位明显高于正极性电晕情况。

## 4.3.2　电晕电压对 SiC/EPDM 复合材料表面电荷特性的影响

图 4-4 为不同电晕电压下未填充的 EPDM 表面电位与消散时间的变化关系。发现当电晕电压从 4kV 增加到 8kV 时,表面电位从 1228V 升至 4347V;对于负极

性电晕从－4kV 增加到－8kV 的过程，试样的初始表面电位从－1776V 增至－4546V；而且具有较高初始表面电位的试样其消散速率也快。这是因为表面电荷积聚所形成的内建电场较大，促进载流子的快速迁移，但是整体上表面电位的衰减比较缓慢，而且经过一定时间后达到一个平稳阶段，表面电位的变化就更加缓慢。

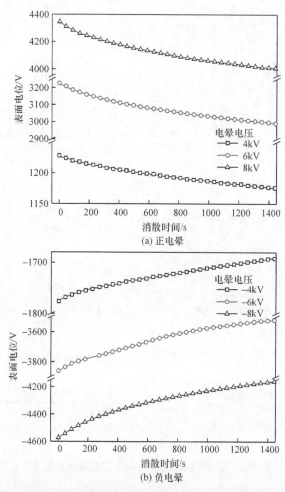

图 4-4　不同电晕电压下未填充 EPDM 表面电位与消散时间的变化关系

选择 24vol% SiC 填充的 EPDM 作为对比，分析高填充浓度对不同电晕电压下表面电荷迁移特性的影响。图 4-5 为其在 4kV、6kV 和 8kV 电晕电压下表面电位与消散时间的变化关系，发现随着电晕电压的升高，试样在正负极性电晕下的初始表面电位分别经历了 1040V→2934V→3782V 和－1614V→－3323V→－3877V 的变化趋势；同时无论是哪种电压条件，表面电位衰减都能维持较快的速率；虽然负极性初始表面电位比相同电晕电压下正极性情况要高，但是当电晕电压升至

－8kV时,负极性表面电位快速衰减,甚至表面电位终值比－6kV电晕条件下更低,出现了 cross-over 现象。分析认为,较高初始表面电位形成的内建电场使复合材料具有较大的电导率,同时会加快电荷的脱陷过程。

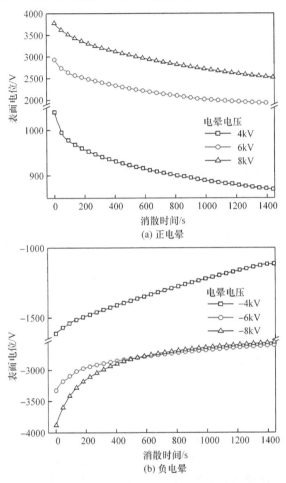

图 4-5　不同电晕电压下 24vol% SiC 填充的 SiC/EPDM 复合材料表面电位与消散时间的变化关系

### 4.3.3　SiC/EPDM 复合材料载流子迁移率

图 4-6 给出了在 6kV 电晕电压下 SiC/EPDM 复合材料初始表面电位、特征时间和载流子迁移率随填料浓度的变化规律。从图中可以看出,EPDM 复合材料表面电位衰减的特征时间随着填料浓度的增加而显著减小,相应的载流子迁移率随着 SiC 体积分数的增高而呈现较明显的增大趋势,这也直观地反映了表面电荷消散的加快。

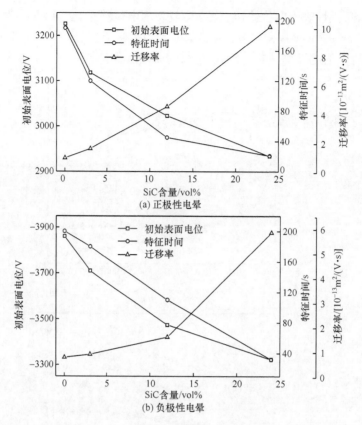

图 4-6　SiC/EPDM 复合材料的初始表面电位、特征时间和载流子迁移率

图 4-7 为不同电晕电压下 SiC/EPDM 复合材料的载流子迁移率。图 4-7(a)为未填充 EPDM 试样载流子迁移率与电晕电压的变化关系,发现表面电位消散过程的特征时间随电晕电压升高而降低,但是初始表面电位差异较大,使其载流子迁移率出现了先减小后增大的变化过程。以前的实验显示纯的 EPDM 试样载流子迁移率随着电晕电压从 5kV 升至 7kV 略有升高,而此处看到电晕电压从 4kV 到 6kV 增大时迁移率随之降低,然后继续增加,可以推测电晕电压为 5kV 左右时载流子迁移率最小,随后会继续增大,在此区间内载流子迁移率的极小值与载流子的能量和密度相关[10]。图 4-7(b)则为 24vol% SiC 填充的 EPDM 复合材料载流子迁移率与电晕电压的变化关系。由图可以明显看到,电晕电压升高时载流子的迁移率也随之升高,聚合物在电晕下表面带电后电荷的迁移率与电场的指数呈对应关系,此处得出的结果满足 $\mu \propto E^{0.5}$,其中 $E$ 为电场强度,$\mu$ 为载流子迁移率,与 Poole-Frenkel 效应是一致的[11,12]。同时可以推测,电场增加不能显著提升载流子迁移率,但是复合材料的电导率在高电场强度下呈指数增加,说明高电场强度下改变的主要是载流子增殖过程。

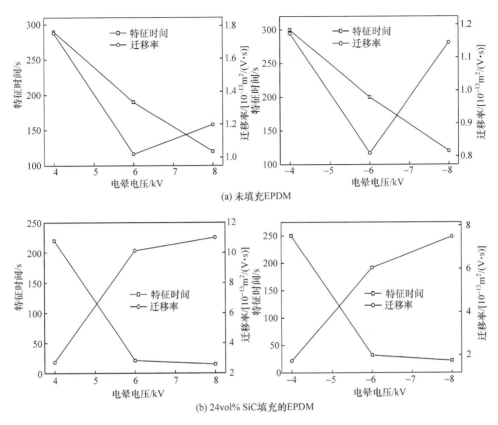

(a) 未填充 EPDM

(b) 24vol% SiC 填充的 EPDM

图 4-7　不同电晕电压下 SiC/EPDM 复合材料的载流子迁移率

# 4.4　SiC 填充与 EPDM/LDPE 界面电荷特性

本节以 15kV/mm 和 30kV/mm 直流电场下不同 SiC 体积分数填充的 EPDM 复合材料为例,分析了界面电荷极化过程、去极化过程和界面电场分布。

## 4.4.1　15kV/mm 电场强度下 SiC 体积分数对界面电荷分布的调控

图 4-8～图 4-10 给出了 15kV/mm 电场强度下 SiC 含量分别为 0vol%、12vol% 和 24vol% 的 SiC/EPDM 复合材料空间电荷与电场分布随(去)极化时间的变化过程。从图 4-8(a)中可以看出,对于未填充的 EPDM 试样,从阳极侧注入的同极性电荷在界面处形成积聚,致使界面电荷的极性为正,其密度随着极化时间延长而快速增大,在 30min 时达到了 3.6C/m³,同时积聚的大量界面电荷使临近偶极子发生了极化,在界面两侧形成了异极性感应电荷;对于 12vol% SiC 填充的 EPDM 试样,在加压的初始阶段,界面处并无明显空间电荷积聚,而在大约 5min 后,在界面

处出现了少量空间电荷积聚,随着时间延长,界面电荷密度不断增大,直至1800s左右达到1C/m³;对于24vol%填充的EPDM试样,在加压的初始阶段,界面处同样无明显的空间电荷积聚,在极化30min后达到0.8C/m³,但是该条件下界面电荷达到稳定值所需的时间要小于前两种情况,需要说明界面电荷积聚减少的同时LDPE侧出现了少量同极性空间电荷的注入。从图4-9(a)可以发现,大量界面电荷积聚导致LDPE和EPDM内的电场严重畸变;12vol% SiC填充的EPDM/LDPE界面电荷积聚较少,因此LDPE内电场只有轻微畸变;对于24vol% SiC填充的EPDM试样,界面电荷密度最小,复合绝缘系统电场分布比较均匀。

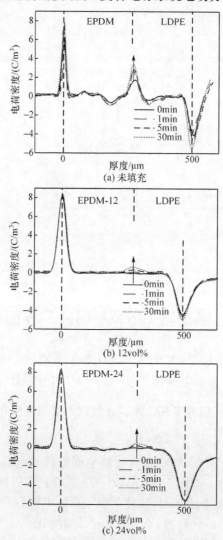

图4-8　15kV/mm电场强度下极化过程SiC填充的EPDM/LDPE空间电荷分布情况

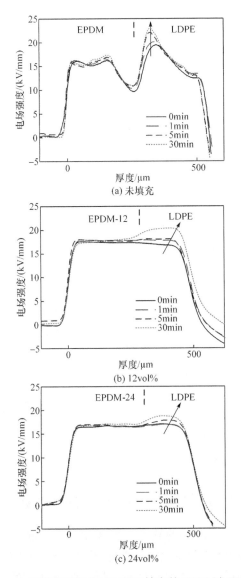

(a) 未填充

(b) 12vol%

(c) 24vol%

图 4-9  15kV/mm 电场强度下极化过程 SiC 填充的 EPDM/LDPE 电场分布情况

图 4-10(a)表明,电压移除后,界面电荷开始消散并在残余电荷形成的内电场作用下向电极方向迁移。增加 SiC 含量至 12vol%时,相比未填充的试样,电荷迁移率要相对缓慢,这是由于 SiC 填充在复合材料基体内引入的填料-基体界面形成了局部陷阱,束缚了电荷的进一步消散;图 4-10(c)中显示,由于电导率增大,界面电荷消散速率在这 3 组实验中最快,这是由 24vol%SiC 填充 EPDM 具有高电导特性决定的。

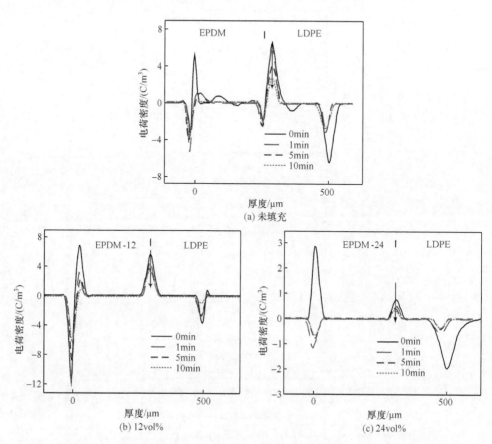

图 4-10　15kV/mm 电场强度下去极化过程 SiC 填充的 EPDM/LDPE 空间电荷分布情况

### 4.4.2　30kV/mm 电场强度下 SiC 体积分数对界面电荷分布的调控

图 4-11～图 4-13 给出了 30kV/mm 电场强度下含量分别为 0vol％和 24vol％ SiC 填充的 EPDM 复合材料界面电荷与电场分布随（去）极化时间的变化过程。从图 4-11（a）中可以看出，对于纯 EPDM 试样，阳极注入的同极性电荷在界面处积聚，界面电荷密度随着极化时间延长而快速上升，在 30min 时达到了 5.7C/m³，比 15kV/mm 电场强度下未填充 SiC 试样的界面电荷密度大 60％；图 4-11（b）显示，对于 24vol％ SiC 填充的 EPDM 试样，在加压的初始阶段，界面处没有积聚明显的空间电荷，其变化规律与图 4-8（c）相似，在 30min 内达到饱和，界面电荷密度为 2.2C/m³，同时与图 4-11（a）的电荷密度相比显著降低，同时发现界面电荷峰并不对称，EPDM 和 LDPE 均有同极性空间电荷注入现象。图 4-12（a）表明，大量的界面电荷积聚使 LDPE 和 EPDM 内的电场畸变严重，可以看到电场在界面处急剧

升高；而经过 24vol% SiC 填充后，极化 30min 时界面电荷积聚达到稳定值，此时界面电荷积聚量较小，复合绝缘系统电场分布比较均匀。

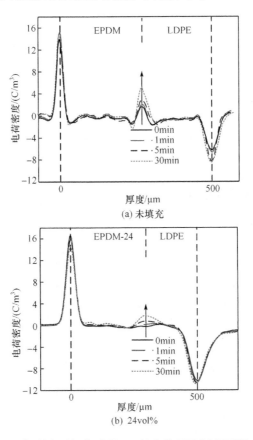

(a) 未填充

(b) 24vol%

图 4-11　30kV/mm 电场强度下极化过程 SiC 填充的 EPDM/LDPE 空间电荷分布情况

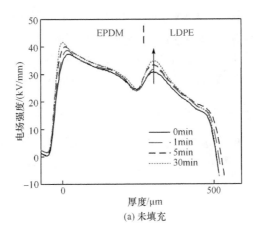

(a) 未填充

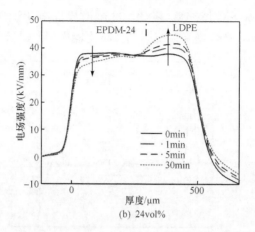

(b) 24vol%

图 4-12　30kV/mm 电场强度下极化过程 SiC 填充的 EPDM/LDPE 电场分布情况

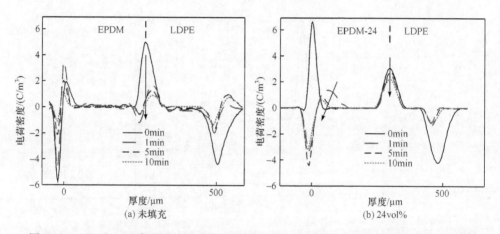

(a) 未填充　　　　　　　　　　　　　　　　(b) 24vol%

图 4-13　30kV/mm 电场强度下去极化过程 SiC 填充的 EPDM/LDPE 空间电荷分布情况

　　图 4-13(a)表明,相对于 15kV/mm 电场下的情况,在去极化 10min 后界面仍有少量的正极性电荷残存,这是强场下被深陷阱俘获的电荷难以脱陷导致的结果。图 4-13(b)显示,界面电荷消散速率在这四组实验中最快,这是因为 24vol% SiC 填充的 EPDM 在内建电场较高的条件下电导率会进一步增大,加快电荷的消散过程。

### 4.4.3　SiC 掺杂与 EPDM/LDPE 界面陷阱能级分布的关系

　　提取界面电荷密度在极化与去极化过程依赖于时间的变化规律,并绘制于图 4-14 和图 4-15 中。图 4-14 是 15kV/mm 电场下 SiC 填充浓度对 EPDM/LDPE 界面电荷积聚与消散的影响。开始加压时刻即在界面处发现了不同量的界面电荷积聚,当 SiC 体积分数从 0vol% 升高至 24vol% 时,极化 30min 后界面电荷密度从 3.6C/m³ 降至 0.8C/m³。另外,从图 4-14(b)中可以看到界面电荷消散速率随着

SiC 填充浓度的增加而降低,而且除 24vol%SiC 填充的试样外,其他试样的去极化过程显示具有较高界面电荷密度初始值的去极化过程较快,最终界面电荷密度较低,较低界面电荷密度初始值对应的界面电荷密度终值升高,这是与载流子复合过程和陷阱能级分布相关的 cross-over 现象[13]。

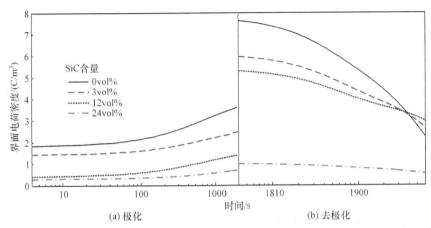

图 4-14　15kV/mm 电场强度下 SiC 填充 EPDM/LDPE 界面电荷积聚与消散情况

图 4-15 是 30kV/mm 电场强度下 SiC 填充的 EPDM/LDPE 界面电荷积聚与消散情况。发现 SiC 填充量从 0vol% 升高到 24vol% 时,极化 30min 后界面电荷的密度从 5.7C/m³ 降至 2.2C/m³。在极化过程中,未填充试样的界面电荷密度初始值较低,但是随着极化时间而快速上升,30min 后的界面电荷密度在各组试样中最大。另一方面,图 4-15(b)中同样可以看到界面电荷的消散速率随着 SiC 填充浓度的增加而降低,而且各组实验中的界面电荷消散曲线均出现了 cross-over 现象,说明在较高的内电场作用下,高填充界面深陷阱束缚的电荷也发生了脱陷过程。

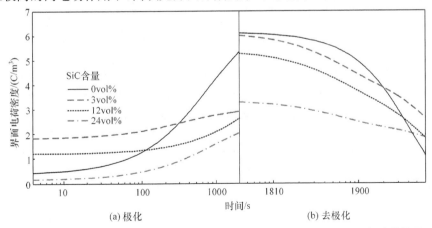

图 4-15　30kV/mm 电场强度下 SiC 填充的 EPDM/LDPE 界面电荷积聚与消散情况

对比两组实验的消散曲线可以发现,未填充试样的界面电荷在去极化的开始阶段能够维持短暂的时间,但是经过数十秒后,在 $\rho(t)$-$\lg t$ 坐标系中呈现一段直线趋势的下降,并在数百秒后又开始另一个趋势的下降。这是由于第一个拐点对应的是浅陷阱中的电荷克服势垒后发生脱陷;经过一段时间后较深陷阱中的电荷需要克服较高的势垒才能脱陷,因此深陷阱电荷脱陷过程明显减缓,导致界面电荷消散减慢(在对数坐标系中因为沿着时间轴的方向消散时间呈指数级增长,所以显得消散较快);随着陷阱电荷逐步完成脱陷过程,处于更深陷阱能级中的残余电荷脱陷过程变得更加缓慢,界面电荷密度的衰减过程进一步放缓[14]。

根据前面提到的陷阱计算方法,得到界面深、浅陷阱能级 $\Delta_{max}$ 和 $\Delta_{min}$ 分布的结果如表 4-2 和表 4-3 所示。可以看到,无论 15kV/mm 还是 30kV/mm 电场强度下,界面陷阱能级分布的规律基本一致。在 15kV/mm 电场强度下,随着 SiC 体积分数升高,界面浅陷阱能级从 0.95eV 降至 0.89eV,而深陷阱能级则从 1.03eV 升到 1.09eV;在 30kV/mm 电场强度下,随着 SiC 体积分数的升高,浅陷阱能级同样从 0.95eV 降至 0.89eV,而深陷阱能级则从 1.02eV 升到 1.10eV。对应去极化过程开始阶段,主要是浅陷阱中的电荷脱陷,该过程比较迅速,同时下降速度逐渐减慢,但衰减曲线并未在某一时刻后趋于稳定,而是始终随时间延长缓慢消散。随着SiC 含量的增加,界面浅陷阱能级变低,空间电荷脱陷需要克服的平均势垒较小,在电荷消散过程的起始阶段起决定作用。而深陷阱能级升高则在电荷消散的末段起到延缓的作用;同时,强电场条件下 SiC/EPDM 复合材料的非线性电导特性也加快了界面电荷的脱陷过程,以上陷阱分布结果也与非线性电导阈值电场推测的结果一致。

表 4-2　15kV/mm 下 SiC 填充与界面陷阱能级分布的关系

| SiC 含量/vol% | $\Delta_{min}$/eV | $\Delta_{max}$/eV |
| --- | --- | --- |
| 0 | 0.95 | 1.03 |
| 3 | 0.91 | 1.07 |
| 12 | 0.90 | 1.08 |
| 24 | 0.89 | 1.09 |

表 4-3　30kV/mm 下 SiC 填充与界面陷阱能级分布的关系

| SiC 含量/vol% | $\Delta_{min}$/eV | $\Delta_{max}$/eV |
| --- | --- | --- |
| 0 | 0.95 | 1.02 |
| 3 | 0.91 | 1.05 |
| 12 | 0.91 | 1.05 |
| 24 | 0.89 | 1.10 |

### 4.4.4　基于非线性电导的 EPDM/LDPE 界面电荷调控机理

不同介质接触时由于电子热平衡分布的要求,两种介质的费米能级需要在同一水平,能带发生弯曲才能完成电子转移,且达到平衡时会出现空间电荷区,建立的反向电场会阻止电荷的继续移动,相应的接触电势主要分布在空间电荷区。当其中一个介质基体内传输的电荷受到界面势垒的阻挡后,只有部分载流子能够越过势垒向相邻的介质内部迁移,部分电荷将在界面附近积聚[15,16]。因此,界面势垒的影响主要分为决定空间电荷注入的电极-介质界面势垒和决定界面电荷积聚的介质-介质势垒。

已知界面电荷的积聚与空间电荷的电极注入电场和界面材料的表面态有关,而不仅限于 Maxwell-Wagner-Sillars 理论模型中介电常数和电导不连续造成的电荷积聚。SiC 填充引入了大量填料-界面-基体等重复单元,单元内的局部界面势垒将影响聚合物复合材料的陷阱能级分布,因此非线性电导特性对界面电荷调控需要考虑局部界面势垒叠加后双层介质的界面势垒对空间电荷注入和界面电荷积聚的作用。根据 SiC 填充对 EPDM 复合材料不同电场强度下陷阱能级分布和载流子迁移率的影响规律,分析认为对于未填充的试样,在界面附近积聚的大量空间电荷来源于电极注入,电子在电场和空间电荷产生的叠加电场下向界面迁移并最终形成界面电荷的积聚。以 24vol% SiC 颗粒填充的试样为例,SiC/EPDM 复合材料的电导率和载流子迁移率较未填充试样有较大提高,尤其是在高电场强度下增大趋势明显,因此非线性电导特性能够均化强场下电极-介质界面电场强度,也可以理解为电极-介质界面势垒区变宽,空间电荷的电极注入过程得到一定的抑制;同时分析认为 SiC 填充通过改变陷阱能级分布,降低界面势垒对空间电荷迁移的阻滞,进而抑制载流子在界面处的积聚,但会引起 LDPE 界面侧同极性空间电荷注入;而且较大的电导率会使积聚的界面电荷能够快速地迁移,促进载流子的脱陷过程。

## 参 考 文 献

[1] 郑飞虎,张冶文,肖春,等. 电子束辐照对 PMMA 样品介电常数的影响研究[J]. 四川大学学报:自然科学版,2005,42(2):343-346.

[2] Böttcher C J F, Bordewijk P. Theory of Electric Polarization, Volume II: Dielectric in Time-dependent Fields[M]. Amsterdam: Elsevier, 1978.

[3] Patrick L, Choyke W J. Static dielectric constant of SiC[J]. Physical Review B: Condensed Matter, 1970, 2(2): 2255-2256.

[4] Nelson J K, Utracki L A, Maccrone R K, et al. Role of the interface in determining the dielectric properties of nanocomposites[C]//IEEE Conference on Electrical Insulation and Dielectric Phenomena(CEIDP), Boulder, 2004.

［5］Nepurek S S. Determination of the parameters of traps for current carriers from space-charge-limited currents［J］. Journal of Electrostatics,1979,8(1):97-101.

［6］Mark P,Helfrich W. Space-charge-limited currents in organic crystals［J］. Journal of Applied Physics,1962,33(1):205-215.

［7］Gould R D. The interpretation of space-charge-limited currents in semiconductors and insulators［J］. Journal of Applied Physics,1982,53(4):3353-3355.

［8］Beyer J,Morshuis P H F,Smit J J. Conduction current measurements on polycarbonates subjected to electrical and thermal stress［C］//IEEE Conference on Electrical Insulation and Dielectric Phenomena(CEIDP),Victoria,2000.

［9］Anta J A,Marcelli G,Meunier M,et al. Models of electron trapping and transport in polyethylene: Current-voltage characteristics［J］. Journal of Applied Physics,2002,92(2):1002-1008.

［10］Jakobsson M,Stafström S. Polaron effects and electric field dependence of the charge carrier mobility in conjugated polymers［J］. Journal of Chemical Physics,2011,135(13):134902-9.

［11］Bössler H. Charge transport in disordered organic photoconductors a monte carlo simulation study［J］. Physica Status Solidi,1993,175(1):15-56.

［12］周健. 有机半导体中载流子传输的蒙特卡罗模拟［D］. 上海:复旦大学,2007.

［13］Chen G,Xu Z,Zhang L W. Measurement of the surface potential decay of corona-charged polymer films using the pulsed electroacoustic method［J］. Measurement Science and Technology,2007,18(5):1453-1458.

［14］李忠磊. 高压直流电缆附件硅橡胶复合绝缘空间电荷调控方法研究［D］. 天津:天津大学,2016.

［15］钟力生,李胜涛,徐传骧,等. 工程电介质物理与介电现象［M］. 西安:西安交通大学出版社,2013.

［16］Tanaka T,Ito T,Tanaka Y,et al. Carrier jumping over a potential barrier at the interface of LDPE laminated dielectrics［C］//IEEE International Symposium on Electrical Insulation (ISEI),Anaheim,2000.

# 第5章 纳米炭黑掺杂的 EPDM/LDPE 界面电荷调控方法

本章主要探索纳米复合材料的微观界面效应对复合绝缘界面特性的调控。通过宽频介电阻抗谱和表面电位衰减实验,研究 EPDM/CB 纳米复合材料中炭黑(CB)掺杂浓度对 EPDM 介电特性、载流子迁移率和陷阱能级分布的影响规律,获得纳米掺杂的 EPDM/CB 复合材料陷阱分布、载流子迁移率与界面电荷产生、输运的作用关系,进一步分析纳米掺杂对界面电荷与陷阱特性的调控机理。

## 5.1 EPDM/CB 纳米复合材料介电特性

### 5.1.1 介电特性

图 5-1 是不同浓度 CB 掺杂的 EPDM/CB 复合材料相对介电常数随频率的变化关系。可以看到,少量 CB 掺杂的 EPDM/CB 纳米复合材料界面常数对频率的依赖性较小,而相对高浓度 CB 掺杂的 EPDM/CB 纳米复合材料的相对介电常数则随着频率升高而下降,这是高频下的介电弛豫现象造成的。随着 CB 掺杂浓度从 0wt%升高到 5wt%,工频下试样的相对介电常数从 2.2 增至 4.76,根据 CM/LL 模型,若混合物中的某一介质具有较大的介电常数,则混合物的极化程度会有所提高。图 5-2 为不同浓度 CB 掺杂的 EPDM/CB 复合材料交流等效电导随频率的变化关系。结果表明,CB 掺杂试样高频区的交流等效电导率随着 CB 掺杂浓度的升高而增大,但是低频区出现了不同的变化趋势,尤其是 0.5wt% CB 和未掺杂试样交流等效电导率对频率的依赖性较低,Li 根据 O'Konski 模型称这种现象为"类直流"电导率[1-3]。图 5-3 是不同浓度 CB 掺杂的 EPDM/CB 复合材料介质损耗随频率的变化关系,经过 CB 掺杂的试样介质损耗较小且对频率的依赖性较小,但是纯 EPDM 试样在低频区具有较大的介电损耗。

因为 CB 具有较大的电导率和介电常数,纳米掺杂会提高复合材料高频区的交流电导和介电常数,但是由于纳米掺杂引入了纳米尺度界面效应形成局部极化限制区域,纳米颗粒界面区降低了聚合物分子链的动态特性,并作为深陷阱减弱了由聚合物中化学基团等引起的有损极化,进一步影响了介质损耗和电导率。但是,较高的掺杂浓度使复合材料内界面区发生重叠,局部极化限制作用降低,载流子自由行程变长,从而导致高浓度掺杂时损耗增加和电导率增大[4-8]。

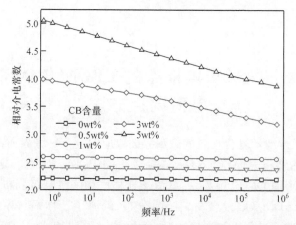

图 5-1　EPDM/CB 复合材料相对介电常数随频率的变化关系

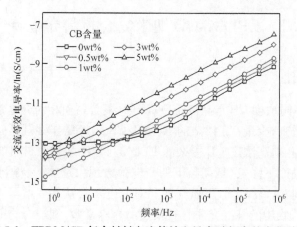

图 5-2　EPDM/CB 复合材料交流等效电导率随频率的变化关系

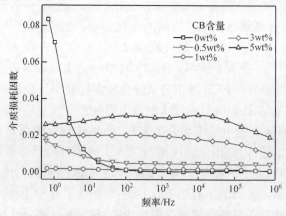

图 5-3　EPDM/CB 复合材料复合材料介质损耗随频率的变化关系

### 5.1.2　电导电流

图 5-4 是 15kV/mm 电场强度下不同浓度 CB 掺杂的 EPDM/CB 复合材料和 LDPE 的 $I$-$t$ 变化曲线。由图可以看到,所有 EPDM 复合材料的电导电流均大于 LDPE,而且 1wt%CB 掺杂的 EPDM/CB 复合材料电流比另外几组 EPDM 低。因为纳米 CB 掺杂引入的界面效应产生了局部陷阱,有效降低了载流子密度和迁移率,同时纳米粒子的加入缩短了载流子平均自由行程,最终降低了复合材料的电导率[9-11]。3wt% 和 5wt% CB 掺杂的 EPDM/CB 复合材料电流比 1wt%CB 掺杂的 EPDM/CB 复合材料和纯 EPDM 要高,这是因为高掺杂率下纳米形成的界面区域发生了重叠,而此区域的电导率较高,因此高浓度掺杂的 EPDM/CB 纳米复合材料电导率有所升高[12]。

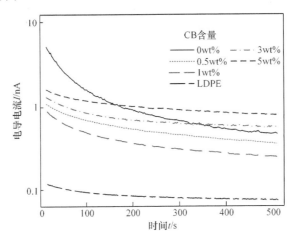

图 5-4　15kV/mm 下 EPDM/CB 复合材料和 LDPE 的 $I$-$t$ 变化曲线

## 5.2　EPDM/CB 纳米复合材料表面电荷动态特性

### 5.2.1　CB 掺杂浓度对 EPDM/CB 纳米复合材料表面电荷特性的影响

图 5-5 为 5kV 电晕电压下不同浓度 CB 掺杂的 EPDM/CB 复合材料表面电位消散过程。从图中可以看出,随着 CB 掺杂浓度从 0wt% 增加到 1wt%,试样的正负极性初始表面电位略有上升,而且表面电位的衰减逐渐减慢;但是当 CB 掺杂浓度进一步增加到 3wt% 和 5wt% 时,表面电位的衰减速率不断增大,而且测量结束时的表面电位显著降低;同时发现负极性表面电位衰减更慢。分析认为,低浓度纳米掺杂引入了大量深陷阱,并增加了陷阱密度,进而束缚了表面电荷在基体内的迁

移，而高浓度掺杂导致纳米界面区重叠，等效于纳米复合绝缘材料的陷阱变浅，载流子发生脱陷进行迁移更加容易，因此表面电荷消散变得更快。

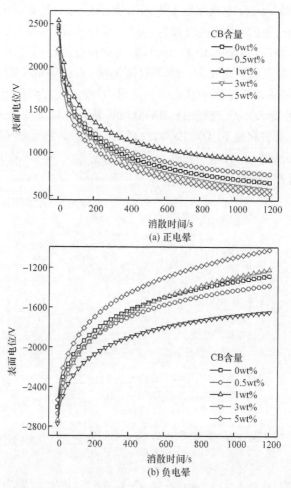

(a) 正电晕

(b) 负电晕

图 5-5　5kV 电晕电压下 EPDM/CB 复合材料表面电位消散随时间的变化关系

## 5.2.2　EPDM/CB 纳米复合材料载流子迁移率

图 5-6 是 5kV 电晕电压下不同浓度 CB 掺杂的 EPDM/CB 复合材料表面电位衰减特征时间和载流子迁移率的变化趋势。如果不考虑电晕电压极性，发现随着 CB 掺杂浓度从 0wt％增加到 1wt％时，表面电位衰减特征时间逐渐增大，而载流子迁移率则逐渐减小，当掺杂浓度由 1wt％增至 5wt％时，特征时间显著降低，对应的载流子迁移率随之增大，这与表面电位消散的趋势是一致的。在对比图 5-6 (a)和(b)时可以看到，负极性电晕电压下相同浓度 CB 掺杂的试样表面电位衰减

特征时间较长,且迁移率较低,这与负极性电荷的脱陷过程困难有关。在载流子浓度一定时,材料的电导率与迁移率呈正比例关系,那么从图中可以看出 EPDM/CB 复合材料的载流子迁移率与前面所测的电导率结果一致。分析认为,少量纳米掺杂时纳米粒子的界面陷阱、散射效应、异相成核作用、位阻作用等占主导地位,降低了电子或空穴的迁移率,随着 CB 含量进一步增加,纳米颗粒的界面效应降低,而团聚引入的宏观缺陷及纳米颗粒的电离增加,使迁移率又有所升高。

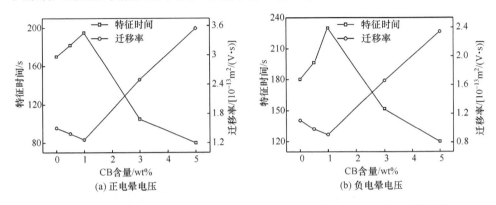

图 5-6 EPDM/CB 复合材料表面电位衰减特征时间和载流子迁移率的变化趋势

### 5.2.3 EPDM/CB 纳米复合材料陷阱能级分布

表面电位衰减(surface potential decay,SPD)过程与空间电荷注入、入陷-脱陷、迁移等物理现象密切相关,通过建立适当模型分析表面电位衰减动态特性,即可获得聚合物陷阱能级分布和载流子迁移率等参数[13]。表面电位是由被陷阱俘获的空间电荷激发产生的,在表面电位衰减过程中,电荷不断脱陷并向地电极移动而导致表面电位衰减[14]。假设在表面电位衰减的过程中不存在异号电荷中和现象,且材料内部空间电荷产生的内电场足够高,注入电荷最后都脱陷后到达地电极。根据 Simmons 提出的理论[15],计算得到的陷阱能级密度函数 $N_t$ 正比于时间和表面电位衰减率的乘积 $t\mathrm{d}V_s/\mathrm{d}t$,如式(5-1)所示,而式(5-2)则为陷阱能级 $E_t$ 的表达式,可以发现 SPD 实验可以计算得到试样的陷阱能级密度函数 $N_t$ 与陷阱能级深度 $E_t$ 的关系式。

$$N_t \propto \left| t \cdot \frac{\mathrm{d}V_s(t)}{\mathrm{d}t} \right| \tag{5-1}$$

$$E_t = kT \cdot \ln(v \cdot t) \tag{5-2}$$

根据图 5-5(b)负极性表面电位消散过程计算的 EPDM/CB 纳米复合材料的电子陷阱能级分布如图 5-7 所示。由图可以看到,试样的陷阱能级分布均有两个峰值,对应材料的浅陷阱能级和深陷阱能级。当 CB 掺杂浓度从 0wt% 增加到

1wt％时,可以发现纳米复合材料的浅陷阱密度随之下降,但是能级基本不变,而深陷阱的能级和密度均有所升高;与较低 CB 掺杂浓度的试样相比,3wt％ CB 掺杂的 EPDM/CB 复合材料深陷阱能级降低,但密度较纯试样要高,而继续增加掺杂浓度则发现深陷阱能级和密度均显著下降,浅陷阱能级则无明显变化。实验结果证明,纳米掺杂使 EPDM/CB 复合材料内引入更多的深陷阱,进而束缚了载流子在基体内的迁移,减缓了表面电位的消散过程。

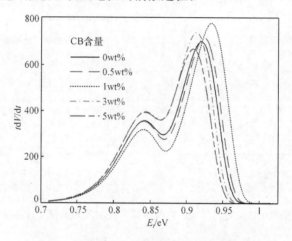

图 5-7　EPDM/CB 复合材料的陷阱能级分布

## 5.3　纳米炭黑掺杂与 EPDM/LDPE 界面电荷特性

### 5.3.1　极化过程纳米炭黑掺杂对界面电荷分布的调控

本节制备 $1000\mu m$ 厚的双层绝缘介质,对其界面电荷分布和陷阱特性进行测量和分析。图 5-8 是 15kV/mm 直流电场下不同浓度纳米 CB 掺杂的 EPDM/LDPE 极化过程中空间电荷分布情况。图 5-8(a)显示,未掺杂的 EPDM/LDPE 界面处积聚了大量空间电荷,当极化时间达到 30min 时,最大电荷密度达到 $1.75C/m^3$,界面电荷与 4.4.1 节结果略有差异,可能是由介质厚度不同造成的。图 5-8(b)为 0.5wt％ CB 掺杂的 EPDM/LDPE 界面空间电荷积聚情况,可以看到与未掺杂试样组相比,界面电荷密度降至 $0.8C/m^3$。图 5-8(c)表明 1wt％ CB 掺杂能够有效地抑制界面电荷积聚,最大电荷密度已经降至 $0.6C/m^3$。在图 5-8(d)和(e)中,3wt％和 5wt％ CB 掺杂的 EPDM/LDPE 界面电荷密度在极化 30min 后反而增大至 $1.2C/m^3$ 和 $1.3C/m^3$。同时发现 5wt％ CB 掺杂的 EPDM 中有同极性空间电荷从阳极注入,并且界面附近 EPDM 侧出现了少量异极性电荷。

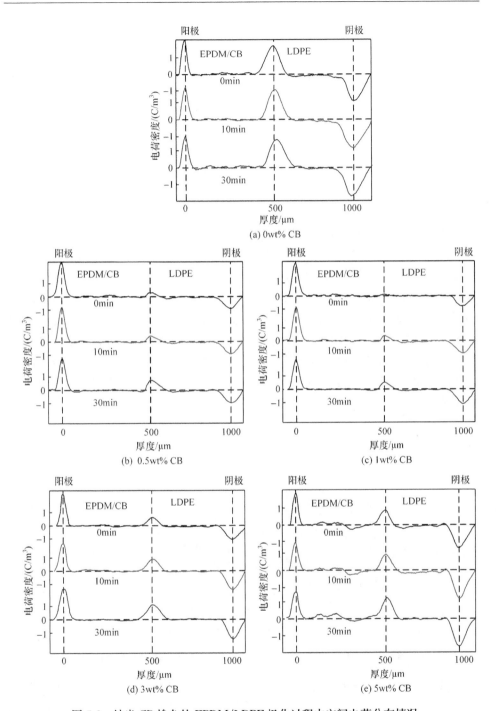

图 5-8　纳米 CB 掺杂的 EPDM/LDPE 极化过程中空间电荷分布情况

实验结果证明,1wt％ CB 掺杂的 EPDM/CB 复合材料内部以及与 LDPE 匹配的界面处积聚的空间电荷量最少。SEM 结果显示,纳米颗粒在橡胶基体内分散均匀,认为 CB 纳米颗粒与聚合物基体形成稳定的界面区,进而产生局部深陷阱并俘获电极注入的同极性电荷,这些同极性电荷积聚到一定程度会产生一个内建电场,进一步削弱所施加电压的电场强度,减弱了电极与试样表面形成的载流子注入过程,等效于提高载流子注入的肖特基势垒[16];同时,EPDM/CB 复合材料载流子迁移率和电导率降低,使深陷阱捕获的空间电荷难以快速迁移扩散,在一定程度上提高了界面电导率的匹配特性,从而减少了界面电荷积聚。但是当 EPDM 基体内 CB 掺杂浓度增大时,界面电荷积聚变多,这是由纳米颗粒周围界面区的重叠导致的,电荷层的重叠会增大载流子的迁移率并减弱深陷阱对电荷的束缚作用。同极性电荷的注入也证明了高含量纳米掺杂产生了局部逾渗效应。

为了定量分析纳米 CB 掺杂对界面电荷积聚情况的影响规律,对界面区电荷的总量进行计算,其结果如图 5-9 所示。由图可见,未掺杂的 EPDM/LDPE 界面电荷量在极化 1000s 后达到了 62.8nC,大于所有 CB 掺杂试样的界面电荷量,对应 1wt％和 5wt％ CB 掺杂的试样界面电荷总量分别为 15.1nC 和 27.7nC。界面电荷积聚达到稳定所需时间随着 CB 掺杂浓度从 0wt％到 1wt％增加而延长;当掺杂浓度更高时,界面电荷积聚所需时间更短。具体来说则是未掺杂试样的界面电荷在加压初始阶段很快达到饱和,而对于 1wt％ CB 掺杂的试样,则需要更长的时间才能达到稳定。

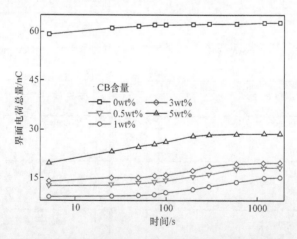

图 5-9　极化过程中 CB 掺杂的 EPDM/LDPE 界面电荷积聚情况

图 5-10 是 15kV/mm 电场下极化 30min 时不同浓度 CB 掺杂的 EPDM/LDPE 电场分布情况。由图可以看到,LDPE 内电场强度较高,界面电荷的存在使得整体电场在不同介质间有严重的畸变。因为界面电荷积聚的降低和电导率匹配

度的改善,1wt%CB 掺杂的 EPDM 有效提升了复合绝缘系统在直流下的电场优化。更高浓度的纳米掺杂则使界面电场分布情况变得更差。

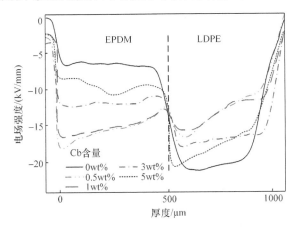

图 5-10　极化 30min 时 CB 掺杂的 EPDM/LDPE 电场分布情况

## 5.3.2　去极化过程纳米炭黑掺杂对界面电荷分布的调控

为了进一步准确分析掺杂对界面电荷输运特性的影响,测量了去极化过程中不同浓度 CB 掺杂的 EPDM/LDPE 空间电荷分布,如图 5-11 所示。此处展示了 0wt%、1wt% 和 5wt% CB 掺杂的 EPDM/LDPE 界面电荷去极化过程。从图 5-11(a) 可以看出,未掺杂试样的界面电荷在初始阶段消散非常迅速,EPDM 内残余基本为正极性空间电荷。随着时间的推移,界面电荷在残余电荷形成的内电场作用下向电极方向快速迁移。图 5-11(b) 和(c) 则为不同浓度 CB 掺杂的界面电荷消散情况。相比于未掺杂 EPDM,这两组实验中界面电荷消散过程比较缓慢。尤其是 1wt% CB 掺杂的 EPDM/LDPE 界面电荷,初始界面电荷密度最低,同时消散也最慢。这是由于纳米掺杂引入的深陷阱限制了载流子的迁移和电荷的脱陷。但是 5wt% CB 掺杂的 EPDM 匹配的界面电荷和 EPDM 基体内的空间电荷消散均比较迅速,这是由于高浓度掺杂的纳米颗粒提高了空间电荷的迁移率。

图 5-12 是去极化过程中不同 CB 掺杂浓度的 EPDM/LDPE 界面电荷消散情况。从图中可以看到界面电荷总量的消散速率随着 CB 掺杂浓度从 0wt% 到 1wt% 增加而降低,但是当 CB 掺杂浓度从 1wt% 到 5wt% 变化时,界面电荷消散速率略有增大。比较明显的是未掺杂试样匹配的界面电荷在初始时刻消散是最快的,1wt% CB 掺杂试样匹配的界面电荷在整个过程中消散均比较缓慢,5wt% CB 掺杂的试样界面电荷消散速率在五组实验中处于中间值。同时观察到界面电荷总量初始值高的消散过程比较迅速,而且界面电荷终值要低,而界面电荷初始值低的消散过程缓慢,对应的界面电荷终值较高,也就是 cross-over 现象。

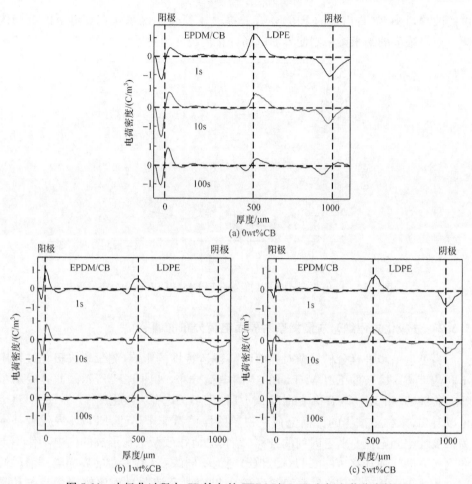

(a) 0wt%CB

(b) 1wt%CB

(c) 5wt%CB

图 5-11　去极化过程中 CB 掺杂的 EPDM/LDPE 空间电荷分布情况

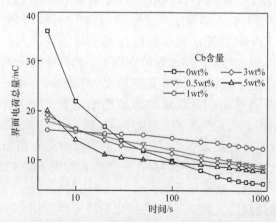

图 5-12　去极化过程中 CB 掺杂的 EPDM/LDPE 界面电荷消散情况

### 5.3.3　纳米炭黑掺杂与 EPDM/LDPE 界面陷阱能级分布的关系

纳米掺杂引入的界面区域对聚合物复合材料介电性能影响的本质主要是改变了材料的陷阱特性,因为纳米尺度的界面区会引起局部结构和电荷分布的变化。提取不同浓度 CB 掺杂的界面电荷密度随去极化时间的变化规律(图 5-13),推演出纳米掺杂对复合绝缘界面陷阱能级的影响,列于表 5-1 中。计算结果显示,随着纳米掺杂浓度从 0wt% 到 1wt% 升高时,浅陷阱能级从 0.94eV 升高到 0.96eV,深陷阱能级则从 1.03eV 升高到 1.21eV;而纳米掺杂浓度从 1wt% 升高到 5wt% 时,浅陷阱能级从 0.96eV 降至 0.93eV,相应的深陷阱能级则从 1.21eV 降到 1.05eV。图 5-13 中初始阶段的界面电荷消散主要是浅陷阱中俘获的电荷脱陷过程,比较迅速,当浅陷阱内电荷完成脱陷后,研究表明深陷阱捕获的电荷寿命较长,而且脱陷比较困难,因此消散减慢。尤其是 1wt% CB 掺杂的 EPDM 试样,界面电荷脱陷需要克服的平均势垒较高,对应界面电荷的消散速率将会降低。

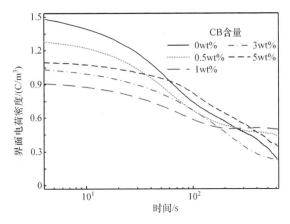

图 5-13　去极化过程中 CB 掺杂的 EPDM/LDPE 界面电荷密度随时间的变化关系

**表 5-1　CB 掺杂与界面陷阱能级分布的关系**

| CB 含量/wt% | $\Delta_{min}$/eV | $\Delta_{max}$/eV |
| --- | --- | --- |
| 0 | 0.94 | 1.03 |
| 0.5 | 0.95 | 1.16 |
| 1 | 0.96 | 1.21 |
| 3 | 0.95 | 1.10 |
| 5 | 0.93 | 1.05 |

### 5.3.4 基于纳米炭黑掺杂的 EPDM/LDPE 界面电荷调控机理

界面电荷积聚的一个主要因素是注入电荷在两种介质内部迁移速率不同,单位时间内,从一侧到达界面的电荷量多于从另一侧离开的电荷量时,界面处就会产生电荷积聚[17]。

前文分析认为,未掺杂试样界面附近积聚的大量空间电荷主要来源于 EPDM 侧的电极注入,而 EPDM 经过纳米掺杂后,由于引入了纳米颗粒界面区并形成了局部深陷阱,加压后在电极/EPDM 界面处俘获了大量空间电荷,形成的局部电荷层在一定程度上削弱了注入电荷的电极/介质界面电场强度,等效于提高了电荷注入的肖特基势垒,从而进一步减弱了杂质电离和电极注入过程。此外,纳米掺杂的界面效应会改变局部结构及陷阱深度,从而缩短载流子的平均自由行程,降低载流子迁移率和能量,因此界面电荷积聚减少。

## 参 考 文 献

[1] Li S, Yin G, Bai S, et al. A new potential barrier model in epoxy resin nanodielectrics[J]. IEEE Transactions on Dielectrics and Electrical Insulation, 2011, 18(5): 1535-1543.

[2] Nelson J K, Fothergill J C. Internal charge behaviour of nanocomposites[J]. Nanotechnology, 2004, 15(5): 586-595.

[3] Dissado L A, Hill R M. Anomalous low-frequency dispersion. near direct current conductivity in disordered low-dimensional materials[J]. Journal of the Chemical Society Faraday Transactions, 1984, 80(3): 291-319.

[4] Lewis T J. Interfaces are the dominant feature of dielectrics at the nanometric level[J]. IEEE Transactions on Dielectrics and Electrical Insulation, 2004, 11(5): 739-753.

[5] Andritsch T. Epoxy based nanocomposites for high voltage DC applications, synthesis, dielectric properties and space charge dynamics[D]. Delft: Delft University of Technology, 2010.

[6] Todd M G, Shi F G. Characterizing the interphase dielectric constant of polymer composite materials: Effect of chemical coupling agents[J]. Journal of Applied Physics, 2003, 94(7): 4551-4557.

[7] Kochetov R. Thermal and electrical properties of nanocomposites, including material processing[D]. Delft: Delft University of Technology, 2012.

[8] Li J, Du B X, Liu Y, et al. Interface charge distribution between LDPE and carbon black filled EPDM[C]//International Conference on Dielectrics(ICD), Montpellier, 2016.

[9] Stevens G C, Freebody N A, Hyde A, et al. Balanced nanocomposite thermosetting materials for HVDC and AC applications [C]//IEEE Electrical Insulation Conference (EIC), Seattle, 2015.

[10] Ishimoto K, Tanaka T, Ohki Y, et al. Comparison of dielectric properties of low-density polyethylene/MgO composites with different size fillers[C]//IEEE Conference on Electrical

Insulation and Dielectric Phenomena(CEIDP), Quebec, 2008.

[11] Wang W, Li S, Tang F, et al. Characteristics on breakdown performance of polyethylene/silica dioxide nano-composites[C]//IEEE Conference on Electrical Insulation and Dielectric Phenomena(CEIDP), Montreal, 2012.

[12] Choudhury M, Mohanty S, Nayak S K, et al. Preparation and characterization of electrically and thermally conductive polymeric nanocomposites[J]. Journal of Minerals and Materials Characterization and Engineering, 2012, 11(7):744-756.

[13] 杨百屯, 屠德民. 等温电荷理论及其检测固体介质中的陷阱分布[J]. 应用科学学报, 1992, 10(3):233-240.

[14] Das-Gupta D K. Decay of electrical charges on organic synthetic polymer surfaces[J]. IEEE Transactions on Dielectrics and Electrical Insulation, 1990, 25(3):503-508.

[15] Simmons J G, Tam M C. Theory of isothermal currents and the direct determination of trap parameters in semiconductors and insulators containing arbitrary trap distributions[J]. Physical Review B, 1973, 7(8):3706-3713.

[16] Tanaka T. Dielectric nanocomposites with insulating properties[J]. IEEE Transactions on Dielectrics and Electrical Insulation, 2005, 12(5):914-928.

[17] Tanaka T, Uchiumi M. Two kinds of decay time constants for interfacial space charge in polyethylene-laminated dielectrics[C]//IEEE Conference on Electrical Insulation and Dielectric Phenomena(CEIDP), Austin, 1999.

# 第 6 章　高压直流电缆附件绝缘界面电荷调控的数值模拟

研究表明,用 Maxwell-Wagner 极化模型对 XLPE/EPDM 双层介质中界面电荷的理论计算结果与实验结果并不完全相符,说明采用 Maxwell-Wagner 极化模型对界面电荷进行分析具有局限性,主要原因有以下几个方面:首先,Maxwell-Wagner 极化模型中假设介质内部的电导率和电场强度是均一的,而实际 LDPE 和 EPDM 在较强电场下有明显的电荷注入,当空间电荷在外施电场的作用下迁移到绝缘界面附近时,也会形成界面电荷的积聚;其次,聚合物介质中存在多种类型的载流子,不同类型载流子在介质内部的输运特性并不相同。因此,用统一的宏观电导参数表征不同类型电荷的输运特性并不准确。此外,还需考虑材料表面态和界面势垒对界面电荷积聚的影响。

因此,为了模拟不同界面特性的双层介质空间电荷分布情况,必须考虑注入电荷的产生和输运过程。双极性电荷输运模型不仅可以模拟固体介质中电荷的注入和抽出,还能够分别对电子和空穴的迁移、入陷/脱陷及复合参数进行定义,方便根据需要对边界条件进行设置。本章利用双极性电荷输运模型对双层介质空间电荷分布进行仿真。通过设置不同的界面条件,对不同电场强度、界面势垒、表面态和载流子迁移率等条件下的 EPDM/LDPE 双层介质中空间电荷分布进行数值模拟。

## 6.1　双层介质双极性电荷输运模型

### 6.1.1　电介质双极性电荷输运机理

研究表明,聚合物材料内部的缺陷在介质内部形成大量陷阱,通过俘获和释放载流子,影响电荷在电介质内部的迁移[1]。此外,实际电荷在介质内部传输时存在明显的双极性现象,即从电极注入的空穴和电子为介质内部的主要载流子源[2]。近年来,大量的研究不断扩展双极性电荷输运模型在聚合物空间电荷分析中的应用[3]。

双极性电荷输运机理如图 6-1 所示,电荷输运过程包含三部分:电极注入的电子和空穴、电子和空穴的入陷与脱陷,以及复合过程。该模型中存在四类电荷:自由电子、自由空穴、陷阱电子和陷阱空穴。为了简化数值模拟,进行如下假设:

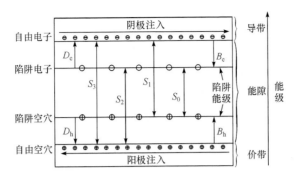

图 6-1　介质内部双极性电荷输运机理

（1）载流子源为电极注入电荷，且注入电荷均匀穿越电极表面，满足肖特基注入电流方程。

（2）浅陷阱形成离散的准导带和准价带，载流子在其中受陷时间极短，因此模型中假设浅陷阱参与载流子的传导，并用有效迁移率 $\mu$ 表征浅陷阱对载流子的局域化。

（3）将深陷阱简化为单一能级，并用俘获截面系数（$B_e$ 和 $B_h$）、脱陷系数（$D_e$ 和 $D_h$）表征。

（4）假设存在四对载流子的复合，即陷阱电子/陷阱空穴、自由电子/陷阱空穴、自由空穴/陷阱电子和自由电子/自由空穴，分别用复合系数 $S_0$、$S_1$、$S_2$ 和 $S_3$ 表示，并且受陷电荷经复合后，将空出陷阱位置，使其重新获得俘获电荷的能力。电子/空穴的复合将导致电荷湮没，不产生第三类中性电荷。

## 6.1.2　电子/空穴在双层介质内部的输运模型

图 6-2 为双层介质模型的示意图，各向同性的平板固体介质 EPDM 和 LDPE 依次置于阳极和阴极之间，材料的厚度、介电常数和电导率分别为 $d_1/d_2$、$\varepsilon_1/\varepsilon_2$、$\sigma_1/\sigma_2$。

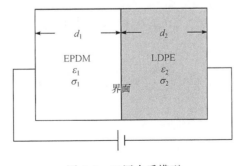

图 6-2　双层介质模型

较低电场强度下,电极处电子和空穴的注入可以用肖特基公式来描述[4]。

$$j_e(0,t) = AT^2 \cdot \exp\left(-\frac{\varphi_{ie}}{kT}\right) \cdot \exp\left[-\frac{e}{kT} \cdot \sqrt{\frac{e \cdot E(0,t)}{4\pi\varepsilon_0\varepsilon_r}}\right] \quad (6\text{-}1)$$

$$j_h(d,t) = AT^2 \cdot \exp\left(-\frac{\varphi_{ih}}{kT}\right) \cdot \exp\left[-\frac{e}{kT} \cdot \sqrt{\frac{e \cdot E(d,t)}{4\pi\varepsilon_0\varepsilon_r}}\right] \quad (6\text{-}2)$$

其中,$j_e(0,t)$ 和 $j_h(d,t)$ 分别为阴极和阳极处的注入电流密度;$A$ 为理查德森(Richardson)常数;$T$ 为温度;$e$ 为电子电荷量;$\varphi_{ie}$ 和 $\varphi_{ih}$ 分别为电子和空穴的注入高度;$k$ 为玻尔兹曼常量;$E(0,t)$ 和 $E(d,t)$ 分别是阴极和阳极处的电场强度;$\varepsilon$ 是材料的介电常数;$d$ 为双层介质的厚度,大小为 $d_1+d_2$。

电介质内部的双极性电荷输运模型一维基本方程组[5]如下。

连续方程:

$$\frac{\partial n_a(x,t)}{\delta t} + \frac{\partial j_a(x,t)}{\delta x} = s_a(x,t) \quad (6\text{-}3)$$

传导方程:

$$j = (\mu_h n_{h\mu} + \mu_e n_{e\mu}) \cdot E(x,t) = w_e n_{e\mu} + w_h n_{h\mu} \quad (6\text{-}4)$$

泊松方程:

$$\frac{\partial E(x,t)}{\delta x} = \frac{n_e + n_h}{\varepsilon_r\varepsilon_0} \quad (6\text{-}5)$$

其中,下标 $a$ 表示电子 e 或空穴 h(受陷和自由两类);下标 $e\mu$ 和 $h\mu$ 代表自由电子和自由空穴;$n_a$ 和 $j_a$ 为单位体积内的电荷量密度和其相应的电流密度;$\mu$ 为载流子迁移率;$w$ 为载流子的输运速率;$\varepsilon_r$ 为相对介电常数;$\varepsilon_0$ 为真空介电常数;$s_a$ 为源项,其是由局域范围内非电荷传导输运引起的各类载流子电荷密度变化量的总和,主要包含内部电荷的产生、电荷被深能级陷阱俘获和电荷复合等。当深陷阱用单一能级的陷阱表征时,自由电子、自由空穴、陷阱电子和陷阱空穴四类电荷的源项分别如下所示:

$$s_{e\mu} = -S_1 n_{ht}(x) n_{e\mu}(x) - S_3 n_{h\mu}(x) n_{e\mu}(x) + B_e n_{e\mu}\left(1-\frac{n_{et}(x)}{n_{oet}}\right) - D_e n_{et}(x)$$

$$(6\text{-}6)$$

$$s_{h\mu} = -S_2 n_{et}(x) n_{h\mu}(x) - S_3 n_{h\mu}(x) n_{e\mu}(x) + B_h n_{h\mu}\left(1-\frac{n_{ht}(x)}{n_{oht}}\right) - D_h n_{ht}(x)$$

$$(6\text{-}7)$$

$$s_{et} = -S_2 n_{h\mu}(x) n_{et}(x) - S_0 n_{ht}(x) n_{et}(x) + B_e n_{e\mu}\left(1-\frac{n_{et}(x)}{n_{oet}}\right) - D_e n_{et}(x)$$

$$(6\text{-}8)$$

$$s_{ht} = -S_1 n_{h\mu}(x) n_{e\mu}(x) - S_0 n_{ht}(x) n_{et}(x) + B_h n_{h\mu}\left(1 - \frac{n_{ht}(x)}{n_{oht}}\right) - D_h n_{ht}(x)$$

$$(6\text{-}9)$$

其中，$n_{e\mu}$ 和 $n_{h\mu}$ 为自由电子和空穴密度；$n_{et}$ 和 $n_{ht}$ 为陷阱电子和空穴密度；$n_{oet}$ 和 $n_{oht}$ 为电子和空穴类陷阱的最大密度；$S_0 \sim S_3$ 为复合系数；$B_e$ 和 $B_h$ 为自由电子和空穴被深陷阱捕获的截面系数；$D_e$ 和 $D_h$ 为陷阱电子和陷阱空穴的发射系数。

通常，电子和空穴需要克服势垒才能通过界面，即界面对电荷迁移呈半阻挡状态，经 EPDM 从阴极向绝缘界面迁移的电子只有部分可以从界面抽出，其余受到势垒阻挡而在界面附近积聚形成负极性电荷积聚；同样，LDPE 从阳极向绝缘界面迁移的空穴也只有部分可以从界面抽出，其余受到势垒阻挡而在界面附近积聚形成正极性电荷积聚。用抽出系数 $C_{ie}$ 和 $C_{ih}$ 分别表示界面对电子和空穴的阻挡作用。

在不考虑杂质解离的情况下，LDPE/EPDM 双层介质中的空间电荷来源于阴极的电子注入和阳极的空穴注入，注入电荷在 LDPE 和 EPDM 介质内部迁移，同时发生入陷、脱陷和复合的过程。双极性电荷输运模型的主要参数设置如表 6-1 所示，此处陷阱能级分布和载流子迁移率参数等是通过前述表面电位衰减实验和空间电荷去极化过程计算得出的。

**表 6-1　双层介质中空间电荷模拟的主要参数**

| 类型 | 参数 | EPDM | LDPE |
|---|---|---|---|
| 测试条件 | 电场强度 $E$/(kV/mm) | 20 | |
| | 温度 $T$/℃ | 25 | |
| 试样参数 | 相对介电常数 $\varepsilon_r$ | 2.36 | 2.27 |
| | 厚度 $d$/$\mu$m | 350 | 200 |
| 电极注入势垒 | 阳极 $\varphi_{ih}$/eV | — | 1.27 |
| | 阴极 $\varphi_{ie}$/eV | 1.26 | — |
| 迁移率 | 电子 $\mu_e$/[$10^{-14}$ m²/(V·s)] | 9 | 1.5 |
| | 空穴 $\mu_h$/[$10^{-14}$ m²/(V·s)] | 10 | 2 |
| 电子陷阱 | 深度 $\Delta U_e$/eV | 0.95 | 0.99 |
| | 密度 $n_{oet}$/(C/m³) | 100 | 100 |
| 空穴陷阱 | 深度 $\Delta U_h$/eV | 0.94 | 0.99 |
| | 密度 $n_{oht}$/(C/m³) | 100 | 100 |
| 俘获截面系数 | 电子 $B_e$ | 0.1 | 0.05 |
| | 空穴 $B_h$ | 0.1 | 0.05 |

| 类型 | 参数 | EPDM | LDPE |
|---|---|---|---|
| 电荷复合系数 | $S_0/[10^{-3}\mathrm{m}^3/(\mathrm{C}\cdot\mathrm{s})]$ | 5 | 5 |
| | $S_1/[10^{-3}\mathrm{m}^3/(\mathrm{C}\cdot\mathrm{s})]$ | 5 | 5 |
| | $S_2/[10^{-3}\mathrm{m}^3/(\mathrm{C}\cdot\mathrm{s})]$ | 5 | 5 |
| | $S_3/[10^{-3}\mathrm{m}^3/(\mathrm{C}\cdot\mathrm{s})]$ | 5 | 5 |
| 抽出系数 | 电子 $C_{ie}$ | 0.5 | — |
| | 空穴 $C_{ih}$ | — | 0.5 |

# 6.2　基于双极性电荷输运模型的双层介质空间电荷分布数值模拟

## 6.2.1　电场强度的影响

考虑界面势垒和表面态存在的情况，EPDM/LDPE 双层介质中 20kV/mm 和 30kV/mm 电场强度下的空间电荷分布与电场强度的关系如图 6-3 所示。其中横坐标为 0μm、350μm 和 550μm 的位置分别代表阴极、界面和阳极。由图可知，双层介质施加 20kV/mm 电场后，电子从阴极向 EPDM 体内注入，空穴从阳极向 LDPE 中迁移，绝缘界面处载流子迁移率的不连续性以及界面势垒的存在产生了负极性电荷积聚。

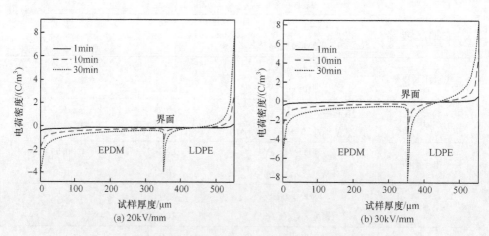

图 6-3　界面势垒和表面态存在时空间电荷分布与电场强度的关系

　　图 6-4 为界面存在势垒和深陷阱时,界面电荷积聚过程。由图可以发现,界面电荷密度从零开始逐渐增大,经过一段时间后达到稳定值,最终界面电荷密度在极化 30min 后达到 $-3C/m^3$。界面电荷随加压时间的变化速率与外施电场有关,外施电场越高,界面电荷积聚越快,达到稳定值所需的时间越短,在 30kV/mm 电场强度下,最终界面电荷密度为 $-8C/m^3$,约为 20kV/mm 下界面电荷密度的两倍。

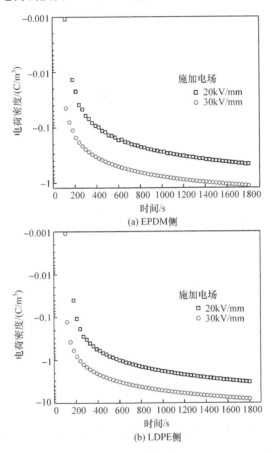

图 6-4　不同电场强度下的界面电荷积聚过程

## 6.2.2　表面态的影响

　　通过设置不同的表面态参数进行数值模拟,得到表层分子结构改性前后的双层介质界面电荷分布情况和氟化处理对界面电荷积聚过程的影响,如图 6-5 和图 6-6 所示。由图可以看到,在未改性的试样中,界面电荷迅速积聚达到比较大的电荷密度,30min 氟化处理使靠近界面的 EPDM 侧和 LDPE 侧空间电荷密度均有较明显的下降,通过对图 6-6(a)和(b)进行分析,发现经过表层分子结构改性后两侧空间电荷密度差值变小,说明 C—F 键层的形成使 EPDM/LDPE 界面特性匹配度提高。

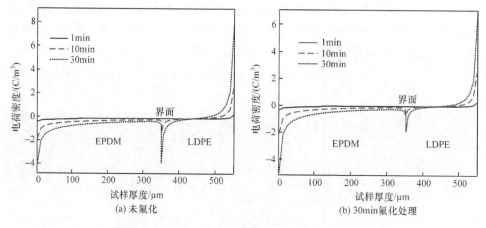

图 6-5　表层分子结构改性对界面电荷分布的影响

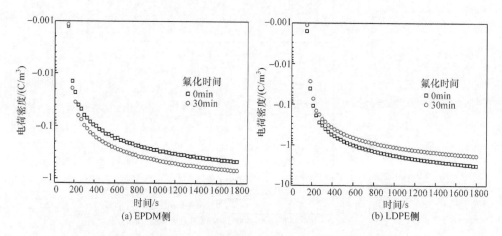

图 6-6　表层分子结构改性对界面电荷积聚过程的影响

　　上述结果证明,具有强电负性和电荷屏蔽作用的 C—F 键层使阴极-介质等效界面电场降低,提高电极-介质间的肖特基势垒,减小了同极性负电荷的注入。由于经过表层分子结构改性后的试样表面态降低,载流子迁移到达界面附近被表面态捕获的电荷量减少,进而在 EPDM 基体内的积聚有所下降,最终双层介质的界面电荷积聚情况得到了有效抑制。而对于双层试样均经过氟化处理的情况,因为 LDPE 和 EPDM 界面势垒的变化趋势一致,所以界面匹配度并没能达到最优,最终复合绝缘界面电荷积聚量略有增加。

### 6.2.3　界面势垒的影响

SiC 填充可以改变 EPDM 复合材料的陷阱能级分布、载流子迁移率和浓度等参数,最终使界面电荷的积聚得到抑制。分析其原因主要是非线性电导在电极界面处对电场的削弱效果和界面陷阱能级降低,使载流子注入和电荷的积聚减少。双极性电荷输运模型中载流子的来源为电极注入的电子和空穴,发现在仿真过程中如果降低电极注入电流的等效电场和聚合物复合材料界面处的势垒,会引起电荷注入和界面电荷积聚的变化。

图 6-7 是 SiC 填充改变双层介质空间电荷分布的模拟结果。在未经过 SiC 掺杂的试样中,发现从阴极注入大量空间电荷并在 EPDM/LDPE 界面处积聚,而且迅速达到比较大的电荷密度,但是经过 24vol% SiC 填充改性后的试样,由于 EPDM 复合材料界面势垒降低,载流子在迁移过程中被捕获的概率较小,能够较容易地跃迁进入相邻介质,因此少量的电荷在界面处形成积聚。

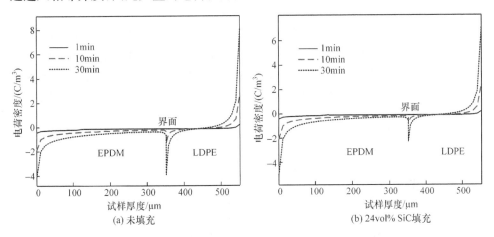

图 6-7　SiC 填充对双层介质空间电荷分布的影响

图 6-8 为 SiC 填充对界面电荷积聚过程的影响。由图可以看到,24vol% SiC 填充使 EPDM 侧的空间电荷密度略有下降,但是 EPDM 侧电荷积聚速率并未明显改变,而 LDPE 侧的空间电荷密度显著减小,通过对图 6-8(a)和(b)进行分析发现,经过 SiC 填充后两侧空间电荷密度差值变小,说明界面势垒的降低使空间电荷在 EPDM/LDPE 界面处迁移的过程能够更顺利地完成,界面特性的匹配度提高,最终该双层介质的界面电荷积聚情况得到一定的抑制。需要说明的是,与表层分子结构改性相比,SiC 填充对界面电荷抑制程度有限,非线性电导复合材料能够降低界面势垒,同时也使 LDPE 侧有少量同极性电荷注入,使界面电荷峰变宽,最终表现为界面电荷整体上得到抑制。

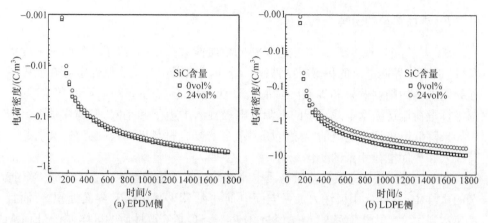

图 6-8　SiC 填充对界面电荷积累过程的影响

## 6.2.4　载流子迁移率的影响

　　通过设置不同的载流子迁移率和电极注入势垒等相关参数,得到 EPDM 经过纳米 CB 掺杂前后界面电荷的分布情况,如图 6-9 所示。对于经过 1wt％CB 掺杂的试样,由于 EPDM 复合材料整体迁移率的降低以及电极-介质肖特基势垒升高,电极注入的空间电荷总量显著减小,而且载流子很难迁移到界面处形成空间电荷积聚。

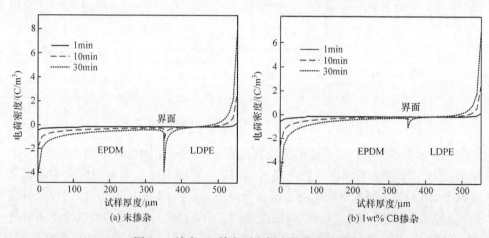

图 6-9　纳米 CB 掺杂对空间电荷分布的影响

　　图 6-10 给出了纳米 CB 掺杂对 EPDM/LDPE 界面电荷积累过程的影响。由图可以看到,1wt％ CB 掺杂水平使靠近界面两侧空间电荷密度均有较明显的下降。纳米掺杂使 EPDM 复合材料内部产生了新的深陷阱能级,束缚了载流子在 EPDM 内的迁移,使 EPDM/LDPE 的界面电荷积累过程比较缓慢,同时纳米复合

材料具有较高的肖特基势注入势垒,也减小了同极性负电荷的注入,最终界面电荷积聚情况得到有效抑制,也可以预测在均化电场畸变方面会有较理想的效果。

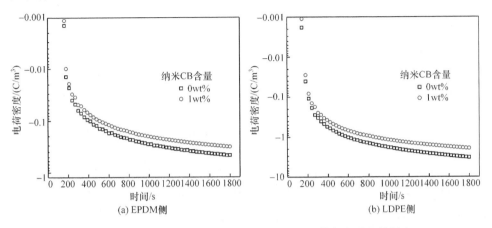

图 6-10　纳米 CB 掺杂对 EPDM/LDPE 界面电荷积聚过程的影响

## 6.3　数值模拟与实验结果的对比和讨论

界面电荷的积聚受注入电荷在两种介质内部迁移速率差异、界面势垒和表面态的影响。考虑电场强度的影响时,电极注入电流密度是电场强度的正相关函数,同时电荷迁移速率是迁移率和电场强度的乘积。虽然在表面电荷的衰减实验中发现电荷迁移速率随电场强度变化较小,但是电场增加时电荷迁移速率也会有所增加,而且会增强载流子的增值过程,因此会导致界面电荷密度增大,且界面电荷积聚过程较快,这与前面的实验结果是一致的。

考虑表面态的影响,前面已经提到,EPDM 经过表层分子结构置换,会形成几微米厚的 C—F 键层,在抑制界面电荷积聚方面起到关键作用。数值模拟证实了 C—F 键层对电荷注入的屏蔽作用等效于降低了电极-介质界面电场强度,降低了电极注入电流密度,同时表层分子结构改性减弱了表面态对界面电荷的束缚,从而抑制了界面电荷的积聚。通过对比可判断,考虑表面态因素的界面电荷积聚模型与表层分子结构改性调控方法具有较好的契合度。

考虑界面势垒调控的影响,SiC 填料的加入改变了 EPDM/LDPE 复合材料的陷阱能级分布、载流子迁移率和浓度等参数,最终使界面电荷的积聚得到抑制,但是界面电荷峰的不对称性使 LDPE 侧有同极性空间电荷注入。双极性电荷输运模型中载流子的来源为电极注入的电子和空穴,降低电极注入电流的等效电场并同时降低双层介质的界面势垒,能够降低界面电荷的积聚,但是 LDPE 侧界面电荷峰变宽,说明非线性电导材料在均化复合绝缘电场的同时,会使另一介质有一定的空间电荷积聚。

　　考虑载流子迁移率的影响,结果显示复合材料经过纳米 CB 掺杂后,其电导率会由于纳米尺度的界面效应有所下降,载流子迁移率在 1wt% CB 掺杂浓度时最低,界面深陷阱和浅陷阱能级均有所增加,最终界面电荷积聚减少。由于电极-介质肖特基势垒升高,减少了空间电荷的注入,同时载流子迁移率降低,阴极注入的电子迁移较慢,很难达到界面形成界面电荷积聚,因此界面电荷积聚比较少,这与纳米掺杂条件下界面电荷数值模拟结果比较一致。

## 6.4　界面电荷对高压直流电缆附件绝缘电场分布的影响

　　在高压直流电场作用下,电缆附件面临的主要问题是复合绝缘界面电荷的积聚。如果空间电荷密度足够高,局部电场甚至会超过绝缘介质的击穿场强,导致介质破坏[6]。因此,绝缘材料的界面电荷以及电场畸变问题成为制约直流电缆系统向高压及超高压发展的主要障碍之一[7]。基于以上界面电荷调控方法,设定高压直流电缆附件复合绝缘的平均电场强度为 20kV/mm,通过仿真计算得到界面电荷对电场分布的影响规律,如图 6-11 所示。从结果分析,无论是界面势垒调控、表面态和载流子迁移率的降低,还是电极-介质界面电场和肖特基势垒的优化,均能够通过降低界面电荷的积聚在双层介质电场的优化中做出贡献,为电缆附件的选材和结构设计提供新的思路。

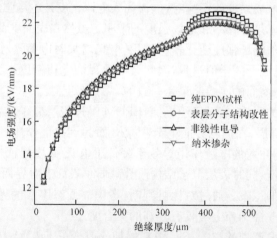

图 6-11　界面电荷积聚对复合绝缘电场分布的影响

## 参 考 文 献

[1] Chong Y L, Chen G, Hosier I L, et al. Heat treatment of cross-linked polyethylene and its effect on morphology and space charge evolution[J]. IEEE Transactions on Dielectrics and

Electrical Insulation,2005,12(6):1209-1221.

[2] Hozumi N,Suzuki H,Okamoto T,et al. Direct observation of time-dependent space charge profiles in cable under high electric fields[J]. IEEE Transactions on Dielectrics and Electrical Insulation,1994,1(6):1068-1076.

[3] Roy S L,Teyssedre G,Laurent C. Charge transport and dissipative processes in insulating polymers:Experiments and model[J]. IEEE Transactions on Dielectrics and Electrical Insula-tion,2005,12(4):644-654.

[4] Baudoin F,Roy S L,Teyssedre G,et al. Bipolar charge transport model with trapping and re-combination:An analysis of the current versus applied electric field characteristic in steady state conditions[J]. Journal of Physics D:Applied Physics,2008,41(2):025306-10.

[5] 吴建东. 低密度聚乙烯纳米复合介质中电荷输运的实验研究和数值模拟[D]. 上海:上海交通大学,2012.

[6] 杨黎明,朱智恩,杨荣凯,等. 柔性直流电缆绝缘料及电缆结构设计[J]. 电力系统自动化,2013,37(15):117-124.

[7] 王霞,朱有玉,王陈诚,等. 空间电荷效应对直流电缆及附件绝缘界面电场分布的影响[J]. 高电压技术,2015,41(8):2681-2688.

# 第7章 脉冲电压对直流电缆附件电树枝生长特性的影响

## 7.1 直流电缆电树枝老化工程背景

### 7.1.1 电缆附件故障概况

高压电力电缆与其他电力设备一样,在投入运行初期(1~5年内)容易出现故障;运行中期(5~25年内),电缆系统基本进入稳定运行期,线路出现故障的概率较低;运行后期(25年后),电缆运行故障再次大幅增加。据统计,在交流电缆故障中,由附件制造、安装质量问题或绝缘老化等引发的故障占电缆运行故障总数的60%以上[1]。

目前国家电网公司投入运行的6~500kV电缆设备的平均运行时间为6.3年,其中66~500kV电缆设备为5.5年,6~35kV电缆为6.5年。图7-1所示为各电压等级平均运行年限的分布情况[2]。

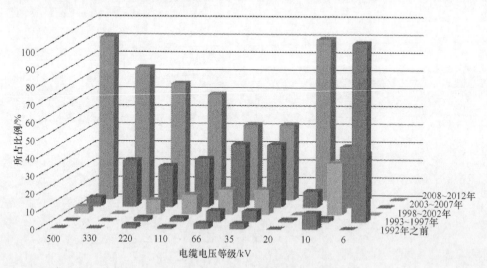

图 7-1 各电压等级电缆设备运行时间

由图7-1可知,目前国家电网公司在运电缆投入平均时间较短,但部分电缆运行时间已20余年,因此电缆绝缘故障发生率可能会在随后几年内明显提升。而且国家电网公司在《21 世纪电力电缆运行管理工作重点》中提出要大力推广采用硅橡胶制造的电力电缆附件[3]。随着交流输电线路中硅橡胶电缆附件使用量的增加,深入研究硅橡胶附件的故障机理对今后的运行及安装有极大的指导意义。

## 7.1.2　硅橡胶电树枝化研究现状

自从电树枝被发现以来,人们对电树枝现象的研究一直集中在聚乙烯、交联聚乙烯、环氧树脂等材料上,而硅橡胶长期以来一直被作为一种外绝缘材料研究其憎水性等问题[4-10]。近年来,随着硅橡胶电缆附件的应用,它的电树枝特性开始受到国内外学者的广泛关注。硅橡胶分子的主链是 Si—O 键,这就意味着硅橡胶中的碳元素含量远小于聚乙烯、交联聚乙烯等绝缘材料。另外,硅橡胶在常温下为熔融状态,内部无结晶生成,因此其中的电树枝现象也会有很大不同[11]。

日本名城大学 Kamiya 等研究了二次交联对硅橡胶中电树枝起始电压的影响,发现二次交联后材料中低分子量成分的减少使气孔中带电离子的自由行程增加,从而降低了二次交联后硅橡胶中电树枝的起始电压;经过去气处理后电树枝的起始电压明显升高,但随着空气的再次注入而降低[12,13]。2009 年,清华大学周远翔等研究了常温下电压频率对硅橡胶中电树枝特性尤其是起始电压的影响,发现当电压频率从 500Hz 上升到 1000Hz 时,起始电压大概下降 25%,而且电树枝的形态也随着电压频率变化[14]。2011 年,天津大学杜伯学等研究了温度对硅橡胶中电树枝特性的影响,发现当温度由 30℃升高至 90℃时主要电树枝结构由枝状变化为丛林状且电树枝起始概率降低[15]。2013 年,马来西亚学者 Musa 等研究了工频电压下硅橡胶纳米复合材料内的电树枝现象,发现纳米 $TiO_2$ 颗粒含量的提高会增加电树枝的击穿时间及局部放电次数,并且电树枝通道数量随着纳米颗粒含量的增加而增多[16]。但到目前为止,对于硅橡胶电树枝的研究仍然处于起步阶段,随着硅橡胶电缆附件应用范围的变化,许多特殊条件下的硅橡胶电树枝特性成为当前亟待研究的新课题。

目前已有对温度的研究仅限于室温及室温以上,但是硅橡胶绝缘的工作温度随着安装位置的变化而不同。根据现有记录,中国户外最低气温记录为 1969 年 2 月 13 日黑龙江漠河出现的—52.3℃,2013 年 1 月 22 日,俄罗斯奥伊米亚康地区的最低气温达到—71.2℃,而全球最低气温记录为 2013 年 12 月 8 日南极地区出现的—91.2℃。随着人类活动范围的扩大,高压电力电缆已经应用在许多高寒地区。低温环境下硅橡胶分子状态的变化可能会引起电树枝特性的改变,但是到目前为止,0℃以下硅橡胶电树枝现象的研究并未见报道。

柔性直流输电技术使用 IGBT 作为开关器件[17],克服了常规直流输电的固有缺陷,为直流输电技术开辟了更加广阔的应用空间,但在 IGBT 的开关过程中会产生大量脉冲电压,使得直流电缆中的硅橡胶电缆附件在承受额定电压、操作过电压、雷击过电压之外还需要承受脉冲电压的冲击。而目前脉冲电压下电树枝特性研究仅局限于有机玻璃、交联聚乙烯等材料内,脉冲电压对硅橡胶电树枝的影响机理仍有待进一步研究。

随着大容量输电技术的应用及交、直流电缆电压等级的升高,电缆的载流量不断增长,由此引发的导体周围磁场强度也随之升高。交流电缆中,电流引发的磁场随电压不断变化,而在直流电缆中,则会引发方向恒定的强磁场。强磁场作用下电荷运动特性发生改变,可能会影响电树枝老化过程。有研究发现,交联聚乙烯材料内磁场强度的升高会使电树枝由枝状过渡为丛林状,且随着磁通密度的增加电树枝的生长速率呈现先增加后减小的趋势[18]。但是在硅橡胶内磁场对电树枝的作用仍然不确定。

硅橡胶在常温下不发生结晶,弹性较好,其分子链段在常温下具有较高的活化能,而传统的聚乙烯环氧等材料在常温下已发生结晶,分子链段并不能自由运动,因此硅橡胶电树枝化现象可能与传统绝缘材料不同。文献[19]报道了硅橡胶内电树枝的自愈现象,但并未对其具体的自愈机理进行分析,并且未见后续报道。硅橡胶电树枝化的自愈条件、自愈机理等仍需进一步研究。此外,硅橡胶材料的特性也使其电树枝形态特征与传统绝缘材料不同,文献[20]应用三维成像技术研究了硅橡胶电树枝的形态特征,但由于材料的复杂性及树枝通道的多样性,硅橡胶电树枝的微观形态及生长过程中各因素的作用机理仍有待进一步完善。

# 7.2 脉冲幅值对电树枝生长特性的影响

## 7.2.1 脉冲幅值对电树枝起始形态的影响

脉冲电压下的电树枝起始机理与交流电压不同,在施加每一次脉冲电压时,电荷被注入硅橡胶内。这些获得能量的电荷将会撞击分子链,造成硅橡胶的破坏;此外,部分电荷会被陷阱捕获,在能级变化的过程中发生能量转移,产生能量释放或以电磁波的形式将能量转移到其他电荷,之后获得这部分能量的电荷会继续运动并再次对硅橡胶材料进行破坏。此外,材料内的自由电荷及入陷电荷在足够的激励下也能够运动或脱陷,这些激励可以是热冲击、高电场等。本节认为,脉冲电压引发的变化电场是使入陷的电荷发生脱陷的诱导因素。在这个脱陷过程中,会发生能量的释放,而这些能量主要以入陷电荷周围机械和电场能量的形式存在,释放的能量会引发聚合物的分子链断裂。在以上两种作用下,硅橡胶分子链的破坏加剧并最终形成电树枝。

不同脉冲幅值下,电树枝引发阶段针尖处的电树枝结构如图 7-2 所示,施加的脉冲频率是 200Hz,加压时间是 5s,温度为 20℃。由图可知,树枝长度和密度都随着脉冲幅值有所增加。根据文献[21]中的公式[式(7-1)]可知针尖电场强度与脉冲幅值的关系：

$$E = \frac{2U}{R\ln(1+4d/R)} \tag{7-1}$$

其中，$E$ 为电场强度；$U$ 为脉冲幅值；$R$ 为针尖曲率半径；$d$ 为针-板电极间距。

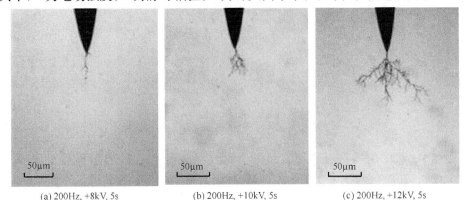

(a) 200Hz, +8kV, 5s　　　　　(b) 200Hz, +10kV, 5s　　　　　(c) 200Hz, +12kV, 5s

图 7-2　不同脉冲幅值下电树枝起始形态

随着脉冲幅值的增加针尖处的场强也得到增强。因此，注入硅橡胶材料内的电荷具有更高的动能，且材料内的自由电荷在电场的作用下获得了更多的动能，从而加剧对硅橡胶分子链的撞击，促进电树枝的生长，又因此导致不同脉冲幅值下起始电树枝形态的差异。

### 7.2.2　脉冲幅值对电树枝生长过程的影响

不同正脉冲幅值下典型的电树枝形态如图 7-3 所示，脉冲频率为 200Hz，温度为 20℃。在 +8kV 和 +10kV 的脉冲幅值下电树枝的长度几乎没有区别，因此，本节只讨论脉冲幅值为 +10kV、+12kV 和 +14kV 的结果。当脉冲幅值为 +10kV 和 +12kV，加压 2min 时，所有电树枝为枝状但长度略有不同，分别为 250μm 和 750μm。当脉冲的幅值为 +14kV 时，其长度为 2000μm，形态为树枝-藤枝状。藤枝状结构可以在图 7-3(c) 内的椭圆圈中看到，其长度大约为 1000μm，几乎到达地电极。随着脉冲电压幅值的升高，通道内的注入电荷数量及能量增加，导致更多的电荷到达电树枝最前端并发生局部放电，促进电树枝长度的增长，且由于局部放电产生的破坏方向不确定，电树枝的分散性随着幅值的增加而明显增大，在 +14kV 时尤为明显。

电树枝长度与电树枝化时间之间的关系如图 7-4 所示，脉冲频率为 200Hz。在脉冲幅值为 +10kV 时，经过约 120s 后，电树枝长度开始停止生长，其长度约为 300μm。当脉冲的幅值为 +12kV 时，在初始阶段（约前 180s），电树枝具有较快的

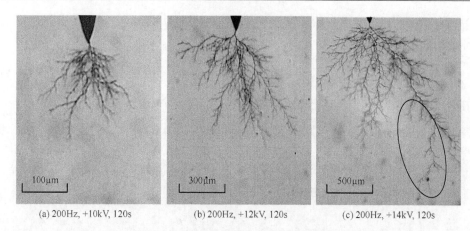

(a) 200Hz, +10kV, 120s　　　　(b) 200Hz, +12kV, 120s　　　　(c) 200Hz, +14kV, 120s

图 7-3　不同脉冲幅值下典型电树枝形态

发展速率；当加压经过一段时间（约 240s）后，将进入下一个阶段，即滞长阶段，此时电树枝长度约为 1000μm。然而，当脉冲幅值为 14kV 时，电树枝持续生长，直至到达地电极发生击穿，其击穿时间约为 180s。

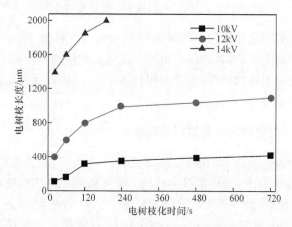

图 7-4　200Hz 时不同正脉冲幅值下电树枝长度与电树枝化时间之间的关系

　　在电树枝形成之前，电荷从针尖注入聚合物中形成劣化区域。当脉冲幅值增大时，被注入介质中的电荷数量及能量随之增加，由电荷撞击形成的硅橡胶材料劣化面积也增大。更重要的是，较大的脉冲幅值将促进电荷在电树枝通道中的运动，使放电通道变长，放电也更加剧烈。并且只要电场强度足够大，劣化区域就会不断扩大。因此当脉冲幅值增加为 +14kV 时，电树枝通道会在极短的时间内击穿试样到达地电极；当脉冲幅值为 +10kV 或 +12kV 时，电树枝到达一定长度后出现一个生长停滞阶段。由此可以推断，脉冲幅值可以影响注入电荷的数量、能量以及局部放电的强弱，从而影响电树枝老化过程。

　　分形维数是一个描述平面图形二维特性的参数,指的是图形的填充特性。Kudo 研究了电树枝的分形维数特点,发现分形维数随着试样基体特性、电压的幅值和波形不同而发生变化。

　　图 7-5(a)反映的是电树枝的分形维数随电树枝化时间变化的趋势,电压为200Hz 正脉冲,温度为 20℃。结果所得到的分形维数小于 2.0,这与文献[22]研究的结果一致,在该文献中分形维数的值为 1～2。电树枝生长过程中,电荷能够不断地通过局部放电注入硅橡胶试样中,进而破坏分子链的结构形成新的电树枝通道,因此分形维数持续增大。与较低的脉冲幅值相比,在＋14kV 时,电树枝对试样的破坏程度更大,击穿更容易发生。脉冲幅值为＋10kV、＋12kV 时,经过 180s后,试样没有发生击穿现象,分形维数将继续增大。

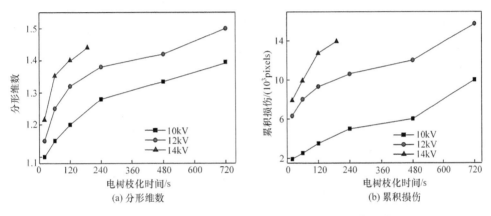

图 7-5　200Hz 时电树枝化时间与分形维数和累积损伤的关系

　　图 7-5(b)反映的是电树枝的累积损伤随着电树枝化时间的变化趋势,电压为200Hz 正脉冲。电树枝长度与累积损伤相比呈现出较大的不同,前者经过一段时间后不再变化,而后者在引发后持续变大。这是由于在电树枝长度停止生长阶段,通道内的局部放电仍在发生,通道内的高温高气压以及通道壁上发生的局部放电都会破坏硅橡胶的分子结构形成新的电树枝,使累积损伤不断增加。然而,观察发现累积损伤与分形维数的变化趋势相同,这主要是因为两者都与电树枝通道数量、长度和密度相关。

## 7.3　脉冲频率对电树枝生长特性的影响

### 7.3.1　脉冲频率对起始电压的影响

　　为研究脉冲频率对电树枝起始电压的影响,统计了 20℃时 50％电树枝起始电

压$U_{50\%}$,即当超过一半试样内出现可观测电树枝($>20\mu m$)时的电压值。由图 7-6
可以看出,随着频率的不断升高,$U_{50\%}$逐渐降低。直流脉冲条件下电树枝的起始原
理与交流电压下有所不同,当针电极施加单极性脉冲电压时,会通过针尖向其附近
硅橡胶材料内注入电荷,这些电荷的入陷-脱陷过程所释放的能量会破坏针尖附近
的分子结构;且材料内自身存在的自由电荷及入陷电荷会在脉冲电场的作用下运
动或脱陷从而撞击硅橡胶分子链。这些电荷的运动以及状态变化过程中释放的能
量都可能造成硅橡胶分子链的断裂,形成微孔,并进一步导致电树枝形成。随着脉
冲频率的升高,单位时间内注入硅橡胶的电荷数量增多,这部分电荷对硅橡胶分子
链的撞击次数因此增多,而且更高频率的电场变化会使脱陷电荷数量增多,自由电
荷运动加剧,导致对硅橡胶分子链的破坏随之加剧,因此高频脉冲电压在较低的电
压水平就可以引发电树枝的形成。而当频率较低时,单位时间内电荷注入数量减
少,并且脱陷电荷数量随之减少,自由电荷的运动频率也随之降低,因此需要提高
外施电场的强度才可以形成明显的电树枝。

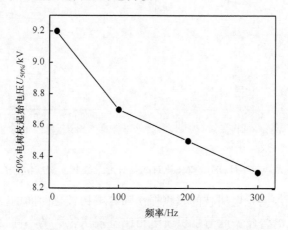

图 7-6　电压频率对 50％起始电压的影响

### 7.3.2　脉冲频率对电树枝起始形态的影响

当脉冲幅值为$-10kV$时,不同脉冲频率下电树枝的起始形态如图 7-7 所示,
图中电树枝的加压时间为 2min,温度为 20℃。由图可以看出,不同频率下的电树
枝起始形态有非常明显的区别,但电树枝长度接近,分布在 $100\sim200\mu m$。但随着
频率的升高,树枝数量随之增加。当频率为 10Hz 时,电树枝为单枝状,当频率为
100Hz 及 200Hz 时,电树枝通道数较少,当频率升至 300Hz 时,电树枝通道数迅速
增多并呈现丛林化趋势。这是由于在电树枝形成之后,电树枝通道内发生的局部
放电会进一步向通道内注入电荷,电荷在电树枝通道内积聚再次导致局部放电,促
进新的电树枝的形成;同时,局部放电的发生,导致硅橡胶材料分解,生成部分气

体,电树枝通道内形成局部的高温高压,加剧对硅橡胶材料的破坏。当频率升高时,单位时间内注入的电荷增多,局部放电次数也增多,提高了电树枝通道内的温度及气压,使新生成的电树枝通道数量增加,逐渐形成丛林状区域。而且根据结果显示,在起始阶段,脉冲频率主要引起电树枝通道数量的变化,并未导致电树枝长度的明显区别。这是因为电树枝的长度主要依赖于注入电荷的能量和运动速度,在脉冲幅值相同的情况下,电树枝的生长长度变化并不明显。在图 7-7(c) 及 (d)中,观察到一些电树枝沿着与电场方向相反的方向生长。这与树枝通道局部放电产生的高气压和高温有关,这些因素将促进电树枝沿着远离电场方向的微孔生长。

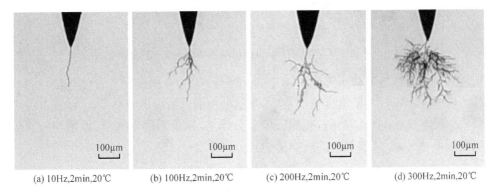

(a) 10Hz,2min,20℃　　(b) 100Hz,2min,20℃　　(c) 200Hz,2min,20℃　　(d) 300Hz,2min,20℃

图 7-7　2min 时不同脉冲频率下典型的电树枝起始形态

### 7.3.3　脉冲频率对电树枝累积损伤的影响

图 7-8 是电树枝累积损伤随树枝化加压时间变化的趋势图,施加的脉冲电压为 -10kV 的负脉冲。由图可知,除 10Hz 脉冲电压外,其余三种频率下的生长趋势大致相同,累积损伤面积随着加压时间延长迅速增长。增长速度方面,100~300Hz 时电树枝累积损伤在开始的前 10min 内增长最快,这是由于在此阶段对应于电树枝起始阶段的快速生长区间,电树枝在此阶段内迅速生长。由图可看出,电树枝的累积损伤与电压频率呈明显的正比关系,随着电压频率的升高,电树枝的形态发生变化,电树枝通道数量及累积损伤面之增加。当电压频率为 10Hz 时,电树枝累积损伤无明显的增长趋势,这是由于在此频率下,电树枝在 100min 时未发生明显生长,只是电树枝通道数量有所增加。

典型的 10Hz 电树枝生长趋势如图 7-9 所示。由图 7-9 可发现,100min 内,电树枝总长度并没有增加太多,但是电树枝通道数有明显增加。当电树枝形成后,针尖部位发生的局部放电将电荷持续注入电树枝通道,由于电树枝通道内及壁上陷阱的存在,这些电荷只有部分可以通过整个通道到达针尖;当频率较低时,到达电

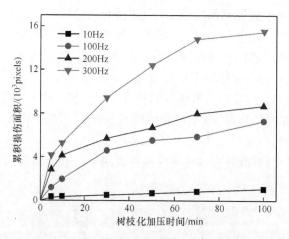

图 7-8　不同频率下电树枝累积损伤面积与树枝化加压时间的关系

树枝针尖部位的电荷较少无法引起足够的场强,因此电树枝的总长度无法快速增长。但是在靠近针尖的电树枝通道内,空间电荷的密度会不断升高,因此这些位置会发生较多次数的局部放电,破坏硅橡胶分子链,形成新的电树枝,使电树枝通道数量逐渐增多,形成较复杂的枝状结构。

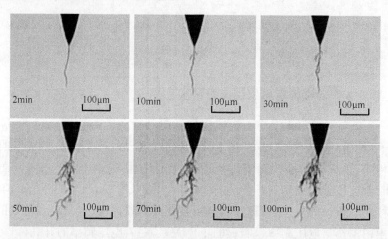

图 7-9　10Hz 电树枝生长过程

表 7-1 所示结果为 20℃时,加压 100min 后的各频率电树枝平均长度,当频率为 100Hz、200Hz 及 300Hz 时,100min 电树枝长度接近,但图 7-8 所示累积损伤有较大区别,这是由于电树枝的通道数受频率的影响较大,较高脉冲电压频率下,电树枝内的通道数明显较多。为表征电压频率对于电树枝通道数量的影响,本节使用电树枝累积损伤密度来描述电树枝的形态,电树枝累积损伤密度 $D_{AD}$ 定义为

$$D_{AD} = \frac{AD}{L} \tag{7-2}$$

其中,AD 为电树枝长度为 $L$ 的累积损伤; $L$ 为电树枝长度。

表 7-1　20℃时 100min 电树枝平均长度

| 频率/Hz | 10 | 100 | 200 | 300 |
|---|---|---|---|---|
| 100min 电树枝平均长度/μm | 110 | 632 | 624 | 675 |

累积损伤密度越大,表明单位长度内电树枝通道数越多。本节分析不同频率下累积损伤密度随树枝化加压时间的变化趋势,如图 7-10 所示。

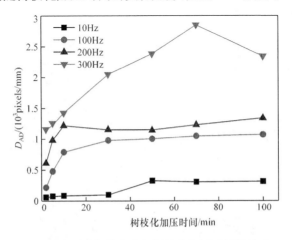

图 7-10　累积损伤密度与树枝化加压时间的关系

由图可知,累积损伤密度的增长趋势与累积损伤具有明显不同,当频率为 10Hz 时,其结构在 100min 内并没有明显变化,因此其累积损伤密度并没有迅速增长。频率为 100Hz 及 200Hz 时,10min 后电树枝的长度及宽度变化较为稳定,累积损伤密度整体波动较小,可见在这两种频率下,注入电树枝通道内的电荷数量足以维持电树枝的纵向生长,且电树枝分枝明显增长,两者增长速度接近,因此出现了图中累积损伤密度的滞长期。当频率升至 300Hz 时,通道内的局部放电进一步加剧,电树枝在很短的时间(约 10min)内表现出丛林状特征。这在很大程度上使累积损伤迅速增大,但是由于丛林状电树枝的树枝尖端距离较近且分散均匀,当大量电荷注入时,电树枝通道尖端形成的局部场强相互中和,放电强度降低,电树枝的长度生长减缓,从而使累积损伤密度快速增加。但是当加压时间延长至 70min 时,累积损伤密度开始下降,这是由于此时丛林状电树枝前端出现部分突出,电树枝由丛林区域迅速地向电极生长,使累积损伤密度明显下降。

## 7.4　脉冲极性对电树枝生长特性的影响

由于正脉冲和负脉冲下的局部放电机理不同,硅橡胶电树枝生长情况也不相同。图 7-11(a)和(b)为脉冲幅值±8kV、脉冲频率 200Hz 时,不同脉冲极性下的电树枝生长情况;图 7-11(c)和(d)为脉冲幅值、频率分别为±12kV、300Hz 时,不同脉冲极性下的电树枝生长情况。由图可知,在不同的电压级别下,正极性脉冲电压下电树枝的通道数量更大,电树枝形状更加复杂,而负极性脉冲电压下的电树枝形状则较为简单,电树枝通道数量较少。造成这种情况的原因可能与正电荷和负电荷的不同注入及运动特性有关。

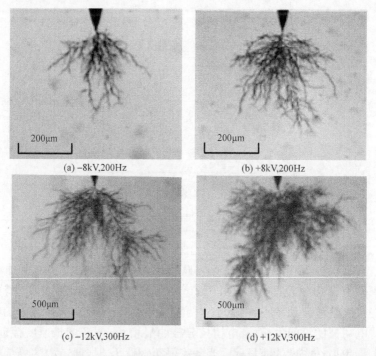

图 7-11　不同脉冲极性下典型的电树枝形态

为进一步分析电树枝在不同电极性下的生长情况,本节统计不同极性脉冲电压下电树枝的分形维数和累积损伤,以进一步分析不同脉冲极性下的电树枝生长特性。分形维数和累积损伤与脉冲频率的关系如图 7-12 所示,施加的脉冲电压幅值为 12kV,脉冲电压的施加时间为 12min。由图可知,在不同频率的正脉冲下,分形维数为 1.45～1.60;负脉冲下,分形维数为 1.40～1.55。这说明正脉冲电压下电树枝的生长形状更加复杂。在不同频率的脉冲电压下,累积损伤表现出与分形维数相同的趋势。极性效应与正负脉冲极性下电荷对针尖处的电场改变有关。据文献报道,与正电荷相比,负电荷更容易被陷阱捕获,在负脉冲下,从针尖注入的电子更容易被硅橡胶试样中的陷阱捕获,形成围绕针尖和树枝前端的电场屏蔽层,这使得该区域的电场发生变化并趋于均匀,从而降低了针尖处的电场强度,导致局部放电强度降低。当正脉冲施加到试样时,正电荷或空穴本身的运动性较差,由局部放电形成的电子崩方向指向针电极[23]。在这个过程中,针尖和树枝前端具有较大的电场强度,且易于维持,保证了局部放电的持续发生,从而导致正极性脉冲电压下电树枝的通道数量增多。

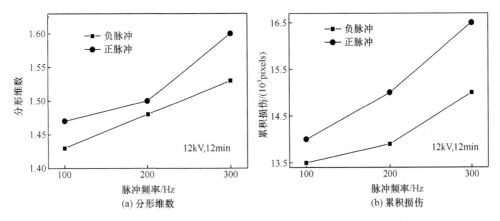

图 7-12　不同脉冲极性下分形维数及累积损伤与脉冲频率的关系

## 7.5　脉冲电压对电树枝击穿特性的影响

Densley 研究了高压电场下,电压幅值和频率对交联聚乙烯电缆击穿时间的影响,发现这两种因素均在一定程度上影响了绝缘材料的击穿时间[24]。而在硅橡胶内,当电场强度足够大时,电树枝通道内部的局部放电能够产生局部的高气压和高温,促进电树枝沿着硅橡胶内部形成大的微孔继续生长。在这个过程中,一些电树枝迅速沿着指向地电极的微孔发展,导致硅橡胶试样的击穿发生。击穿时间是描述绝缘电介质材料耐电树枝性能的一个参数,通过对比不同条件下的击穿时间,可以分析对绝缘材料影响最严重的因素,对工程实践中预防绝缘击穿事故具有重要的指导意义。本节研究击穿时间与正脉冲频率之间的关系,如图 7-13 所示。由图可知,当脉冲幅值分别为 +10kV、+14kV 时,试样的平均击穿时间约为 5000s、200s。通过进一步观察发现,试样击穿时间随着脉冲频率的增加略有下降。由此可知,脉冲频率对击穿时间的影响较小,而脉冲幅值对击穿时间的影响较大。

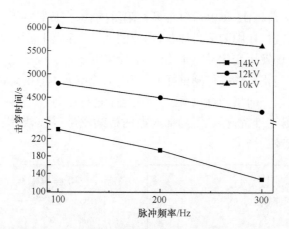

图 7-13　不同脉冲幅值及频率下的电树枝击穿时间

　　电树枝击穿概率依赖于局部放电的强度,而局部放电的强度同时受脉冲幅值和脉冲频率的影响。图 7-14 反映了正脉冲的频率对电树枝击穿概率的影响,加压60min 后,任意脉冲幅值下,在 100Hz、200Hz 及 300Hz 三种不同的脉冲频率下的电树枝具有较为接近的击穿概率。然而,在相同的脉冲频率下,脉冲幅值对电树枝击穿概率影响显著。在脉冲频率为 100Hz 时,+10kV、+14kV 脉冲幅值下电树枝击穿概率分别为 0.1、0.9,脉冲幅值的增加使击穿概率提高,这是因为在较高的脉冲电压下,针尖处的电场强度较大,造成电场畸变,带有高能量的电荷注入硅橡胶试样中,对硅橡胶的分子链进行破坏,且大量电荷会运动至电树枝最前端并形成局部高电场引发局部放电,促进电树枝生长。在这一过程中,电树枝生长加快,击穿概率也随之升高。

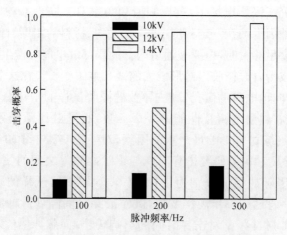

图 7-14　不同脉冲幅值及频率下的电树枝击穿概率

## 7.6　磁场对电树枝起始概率的影响

本节研究脉冲电压及交流电压下磁通密度对电树枝起始概率及起始形态的影响,起始概率选取 2min 内的起始概率。单极性脉冲电压下电树枝起始概率与磁通密度的关系如图 7-15 所示。

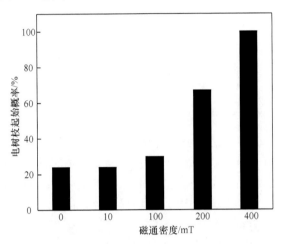

图 7-15　单极性脉冲电压下电树枝起始概率与磁通密度的关系

由图 7-15 可知,当磁通密度由 0mT 增加至 400mT 时,电树枝起始概率呈逐渐上升的趋势。在电树枝起始之前,需要经过潜伏期,潜伏期的时间由很多因素决定,在施加单极性脉冲电压时,潜伏期主要受空间电荷积聚及电荷入陷-脱陷因素影响,而当外部施加磁场时,这两个过程都会受到影响。施加电压时,电荷持续由针电极注入针尖附近的硅橡胶材料中,若没有磁场存在,则电荷随机分布在针尖周围,从而有效中和针尖附近的电场,图 7-16 以负极性电荷分布为例说明。

研究表明,电子的入射动能可达到 3～4eV,则电子动能可写为

$$\frac{1}{2}mv^2 = 3\sim 4\mathrm{eV} \tag{7-3}$$

其中,$m$ 为电子质量,$m = 9.1\times 10^{-31}\mathrm{kg}$;$v$ 为电子速度,可求得电子最大速度 $v = (1.02\sim 1.19)\times 10^6\mathrm{m/s}$。电子在磁场中受洛伦兹力而发生的运动满足

$$\frac{mv^2}{r} = evB \tag{7-4}$$

其中,$m$ 为电子质量,$m = 9.1\times 10^{-31}\mathrm{kg}$;$v$ 为电子速度;$e$ 为电子电荷量,$e = 1.6\times 10^{-19}\mathrm{C}$;$B$ 为磁通密度,此处取最大磁通密度 $B = 400\mathrm{mT}$;$r$ 为电子在磁场中的偏转半径,可求得电子在磁场中的偏转半径 $r = (15\sim 17)\times 10^{-6}\mathrm{m}$。

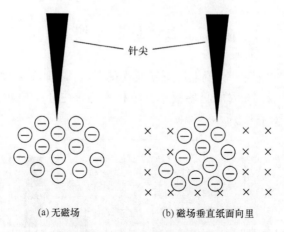

(a) 无磁场　　　　　　(b) 磁场垂直纸面向里

图 7-16　磁场对电荷注入的影响

　　由以上计算可知,电子运动在外界磁场的作用下会发生明显偏转。而当外界磁通密度较低时,由于电子偏转半径较大,对电荷分布的影响并不明显。

　　由此可知,强磁场的作用使得注入的空间电荷方向发生偏转,无法均匀分布在针尖周围,导致针尖部分电场不均匀,电场强度较高;在外界脉冲电场的作用下,电荷的入陷-脱陷过程会碰撞硅橡胶分子链导致分子裂解。当外界施加磁场时,在磁场的作用下,电荷脱陷后同时受到电场与磁场的共同作用,运动方向改变,运动路径受到限制,因此对路径上的分子链撞击次数增多,加速了分子的裂解。以上两个因素共同导致电树枝的潜伏期变短,相同时间内电树枝的起始概率明显提高。当施加 50Hz 交流电压时,电荷的注入-抽出过程受到外加磁场的影响。其路径由于洛伦兹力的作用而发生变化,比无磁场作用下的路径更为集中,对处在其路径上分子链的撞击加剧,导致这些分子链加速裂解,形成材料内的微孔,随着微孔内局部放电的发生,电树枝形成。

　　此外,磁通密度的不同会影响电树枝的起始形态,在不同的磁通密度下,电树枝的起始形态由简单的单分枝结构逐渐过渡至复杂的多分枝结构。如图 7-17 所示,当磁通密度为 10mT 及 100mT 时,电树枝在起始阶段只有两个分枝,但当磁通密度为 400mT 时,已经呈现多分枝形态,但是电树枝类型并未变化。显然,磁通密度的增加影响了电树枝的起始形态,这是由于随着磁通密度的增加,电荷的运动轨迹发生变化。在潜伏期微孔形成后,会发生微孔内的局部放电,电荷通过局部放电注入微孔,当施加磁场后,电荷的运动轨迹发生偏转,在微孔内的分布也更加集中,使局部电场强度迅速升高,从而导致通道内的局部放电加剧,由于局部放电产生的热量及分子分解产生的挥发性气体增多[25],高温和高气压会作用于整个电树枝通道,通道壁上分子结构弱区会被破坏形成新的电树枝。与高磁通密度的情况相比,磁通密度较低时电荷的聚集作用被减弱,局部空间电场强度变低,由此引发的局部放电减弱,通道内的温度与气压降低,对已生成通道壁的破坏减小,从而导致新形成的电树枝数量减少。由此可知,高磁通密度会使电树枝的起始形态变得更加复杂,通道数量增加。

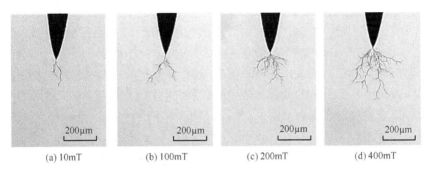

(a) 10mT　　　(b) 100mT　　　(c) 200mT　　　(d) 400mT

图 7-17　不同磁通密度下电树枝起始形态

交流电压下电树枝起始概率与磁通密度的关系如图 7-18 所示,在磁通密度较低时(0～100mT),电树枝起始概率并没有发生明显变化,而之后随着磁通密度的增大,电树枝起始概率明显升高。在交流电树枝的潜伏阶段,电荷的注入-抽出作用是电树枝起始的重要因素之一。在交流电压下,电子会在电压的负半周注入针尖附近,然后在正半周被抽出,正电荷的过程与电子类似。这个注入-抽出过程随着电压的变化而不断循环。当碰撞强度足够高时,电子撞击会使硅橡胶分子链断裂,在针尖附近形成微孔,构成电场内的缺陷,继而发生缺陷内的局部放电,形成可观测到的电树枝,当外界无磁场时,电荷的注入与抽出路径是随机的,方向沿着电场线方向,而当外界施加磁场足够强时,电荷运动的路径会发生偏转,因此路径也会集中在固定的几个区域,这些区域电荷撞击分子链的概率提高,其断裂的概率也

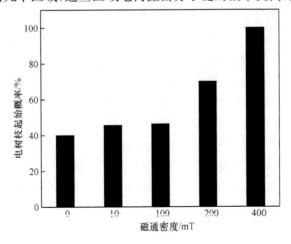

图 7-18　工频电压下电树枝起始概率与磁通密度关系

大幅增加,因此在交流电压下,高磁通密度会使电树枝起始概率升高。但当外界磁场强度为 0~100mT 时,由于洛伦兹力不足以使电荷的运动轨迹发生明显变化,电荷的运动不会受到影响,电树枝起始概率不会增加。

与单极性脉冲电压类似,交流电压下电树枝起始形态随磁通密度的增加而逐渐复杂。潜伏期微孔形成后,电荷由局部放电注入微孔内,无磁场作用时,微孔内电荷注入的方向并不集中,可能分布在整个微孔的内壁,而当磁场强度足够改变电荷运动方向时,分布则会集中在微孔内的一侧,该侧空间电荷引发的电场强度会迅速升高,再次引发通道内的局部放电,导致通道内气压及温度升高,对通道壁的破坏加剧,使电树枝形态更加复杂。

## 7.7　磁通密度对电树枝生长特性的影响

### 7.7.1　脉冲电压下磁通密度对电树枝生长特性的影响

为研究电树枝长度及宽度与磁通密度的关系,本书选取 80min 内的电树枝长度及宽度加以说明。同时由于磁通密度较低时,磁场对电树枝生长特性的影响并不明显,因此本节选取 0mT 及 400mT 时的试样加以分析。

图 7-19 所示为各时间段电树枝长度和宽度随磁通密度的变化,所施加电压为 +12kV 脉冲电压,频率为 100Hz,温度为 20℃。图中电树枝类型为枝状电树枝。如图可知,由于外界磁场的存在,电树枝长度明显增加,400mT 时电树枝长度远大于 0mT 时的长度;由图 7-19(b)可知,在电树枝长度增加的同时,电树枝的宽度也由于外界磁场的存在而明显增加,相同时间内 400mT 电树枝宽度是 0mT 时的 2 倍左右。长度、宽度的增加与电树枝生长过程中的电荷运动有关,电树枝生长过程中,针尖位置发生的局部放电不断将电荷注入电树枝通道,这部分电荷会有部分附着在电树枝通道内部,另一部分会沿着电树枝通道到达电树枝最前端并在此积聚,磁通密度的增加导致电荷在运动的过程中受到洛伦兹力的影响从而运动轨迹发生偏转,当电荷由针尖注入后较易附着在电树枝管状通道的同一侧,从而导致该侧电场强度升高并引发局部放电;对于电树枝类型为比较分散的枝状电树枝,当电荷在电树枝前端积聚时,相邻树枝间的电场中和作用减小,使得电树枝前端易形成局部高场强,从而提高电树枝前端的局部放电发生概率,导致电树枝长度明显增加。而且这个过程中硅橡胶分子链的断裂是不定向的,其断裂方向不一定沿着外界电场线的方向,很多微孔的方向是横向的,这也导致很多电树枝会横向发展,随着横向电树枝数量的增多及其长度的增长,电树枝的宽度明显增加。

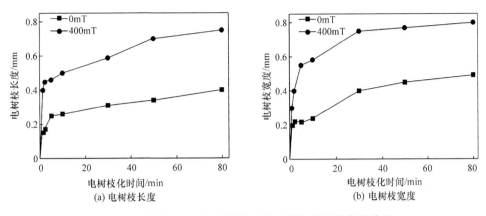

图 7-19　脉冲电压下电树枝长度和宽度与磁通密度的关系

此外,本节统计了不同磁通密度下的电树枝分形维数及累积损伤的变化趋势。由图 7-20 可知,磁通密度的升高不仅增加了电树枝长度,也使其形态更加复杂,同时增加了对绝缘材料的破坏面积。这与之前电树枝宽度的增加相同,是由外部磁场力对电荷运动的影响引发的。横向发展的过程中电树枝的形态也更加复杂,空间分布范围也随之增加,因此导致分形维数增加;同时,随着电树枝通道数量的增加以及长度、宽度的增加,电树枝的破坏区域明显升高。这说明,磁通密度的增加会加速脉冲电压下硅橡胶电树枝的生长速率,且对硅橡胶材料的破坏区域范围也随之明显升高。

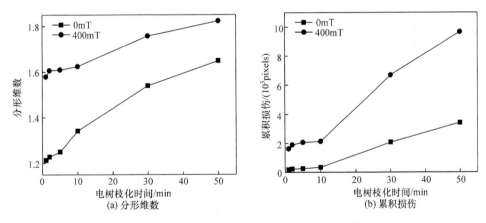

图 7-20　单极性脉冲电压下电树枝分形维数与累积损伤变化趋势

本节研究了磁通密度对不同极性脉冲电压下电树枝生长趋势的影响,其区别如图 7-21 所示。选取 400mT 时单极性脉冲电压下的电树枝加以分析,两试样施加电压分别为 +10kV 和 -10kV。由图 7-21 可知,在相同磁通密度下,不同极性电压下电树枝长度和宽度变化趋势相同,但相同时间内－10kV时电树枝长度和宽度都要大于＋10kV时。通常,与正电荷或空穴相比,电子的质量较小,在相同的电场力作用下,电子运动距离较远。然而,电子容易被陷阱捕获,形成空间电荷,在一定程度上中和了针尖位置电场,限制了局部放电的发展,这也是仅在电场作用时,正极性下的电树枝更易生长的原因。但是,当磁场叠加到电场时,注入硅橡胶试样的电荷同时受到电场力和洛伦兹力的双重作用,其分布也由于洛伦兹力作用发生偏转,对针尖位置电场的中和作用减小,因此局部放电过程加剧,也导致电树枝长度和宽度明显增加。

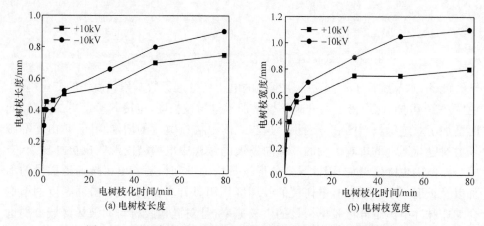

(a) 电树枝长度　　　　　　　　　　(b) 电树枝宽度

图 7-21　磁通密度对不同脉冲极性下电树枝长度及宽度的影响

## 7.7.2　交流电压下磁通密度对电树枝生长特性的影响

与单极性脉冲电压不同,交流电压的极性是不断变化的。可以发现,磁场作用下交流电压引发电树枝的生长趋势与单极性脉冲作用下有明显区别。在磁场作用下,交流电树枝的形态会发生明显变化。本节选取 0mT 及 400mT 时电树枝加以分析,其电树枝形态如图 7-22 所示。随着磁通密度由 0mT 变化至 400mT,80min 时主要电树枝形态由枝状变化为丛林状。

不同磁通密度下电树枝的长度与宽度的变趋势如图 7-23 所示,与单极性脉冲电压不同,80min 时 400mT 条件下电树枝长度小于 0mT 时的电树枝长度,工频电压下磁通密度的增加并未促进电树枝长度的增加。这是由于在较高的磁通密度下电树枝形态逐渐变化为丛林状,而由于丛林状电树枝前端边缘较为均匀,对电树枝前端电场的均匀作用明显。随着时间的延长,在 50～80min 时间段内,电树枝长度及宽度几乎停止生长。在此阶段内,电树枝的增长主要表现在电树枝通道数量的增加。

(a) 0mT, 80min　　　　　　　(b) 400mT, 80min

图 7-22　不同磁通密度下电树枝形态

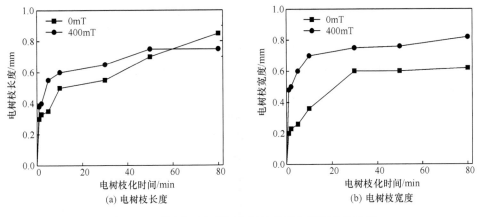

(a) 电树枝长度　　　　　　　(b) 电树枝宽度

图 7-23　不同磁通密度下电树枝长度与宽度变化趋势

　　本节统计了不同磁通密度下电树枝的分形维数及累积损伤,如图 7-24 所示。结果表明,400mT 条件下电树枝分形维数及累积损伤明显大于 0mT 时的值。这与丛林状电树枝的形成有关,丛林状电树枝分形维数高于枝状电树枝,且由于丛林状区域的形成,其累积损伤也明显高于枝状电树枝的累积损伤。

　　丛林状电树枝的形成由外加磁场决定,当磁通密度为 10mT 及 100mT 时,并未发现丛林状电树枝的形成,而当磁通密度增加至 400mT 时,80min 时电树枝全部为丛林状。但在单极性脉冲电压下,相同磁通密度下并未发现丛林状电树枝,因此本节认为交流电压的交变电场与外界磁场共同作用导致丛林状电树枝的形成,且只有当磁通密度达到一定强度时才会引发丛林状电树枝的形成。与单极性脉冲电压不同,交变电场向材料内注入的两种电荷所承受的作用力如图 7-25 所示,假设电荷沿针尖方向注入,则注入正电荷所承受的洛伦兹力为垂直针尖方向向右,负

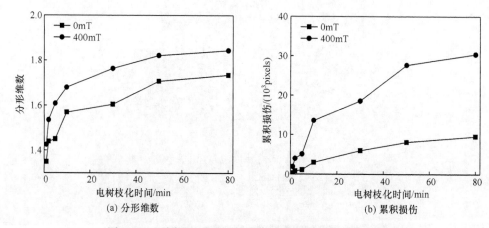

图 7-24　不同磁通密度下电树枝的分形维数与累积损伤

电荷则为向左,因此在不同的半周内,注入电荷偏转的方向不同,电树枝的生长方向会受到注入电荷轨迹偏转的影响而向两侧发展,从而导致电树枝宽度明显增加,且电荷运动轨迹的偏转会导致电荷分布集中,从而加剧了电树枝通道内的局部放电,促进了新树枝的形成,因此电树枝的密度会明显增加,形成电树枝相互交错的丛林状区域。

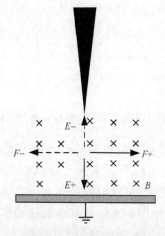

图 7-25　交流电场-磁场共同作用下电荷受力分析
$B$:磁场;$E+/E-$:正/负半周电场;$F+/F-$:正/负半周洛伦兹力

## 7.8　磁场环境对硅橡胶中电树枝击穿特性的影响

在电磁场的作用下,硅橡胶内电树枝的生长速率有明显区别,由此导致的电树枝击穿概率也明显不同。本节统计了 200min 内单极性脉冲与交流电压下的击穿

概率,其结果如图 7-26 所示。由图 7-26 可知,在 100Hz、+10kV 脉冲电压下,
200min 内电树枝的击穿概率在 0～100mT 内无明显变化,但随着磁通密度由
200mT 升高至 400mT,击穿概率迅速由 20%升高至 60%。这是由于在单极性脉
冲电压下,电树枝类型虽然未发生变化,但其生长速率在磁通密度升至 200mT 及
400mT 时明显提高,导致电树枝迅速生长至地电极并导致击穿发生。这是由于当
磁通密度升高至 400mT 时,电树枝类型全部为丛林状,在丛林区域形成后,其前端
较为均匀的树枝分布会使树枝尖端的电场更加均匀,且电树枝通道的增加会使整
个电树枝内的气压降低,因此电树枝生长缓慢,击穿概率也明显降低。以上现象说
明磁通密度的提高会使单极性脉冲电压对绝缘的破坏加剧且会导致硅橡胶材料的
快速击穿,但在交流电压下,磁通密度的提高并不会加速硅橡胶材料的击穿,反而
对硅橡胶内电树枝长度的增加产生了抑制作用,但其对于硅橡胶的破坏面积大幅
增加。

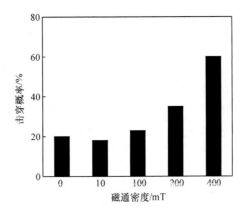

图 7-26　100Hz、+10kV 脉冲电压下磁通密度对电树枝击穿概率的影响

## 参 考 文 献

[1] Hegeler F,Krompholz H,Hatfield L L,et al. Insulator surface flashover with UV and plasma background and external magnetic field[C]//1995 Annual Report Conference on Electrical Insulation and Dielectric Phenomena,Virginia Beach,1995.
[2] 国家电网公司. 国家电网公司 2012 年电缆专业总结报告[R].北京,2012.
[3] 薛文彬. 高压电缆附件应用力锥材料的制备与性能研究[D].郑州:郑州大学,2012.
[4] 吕晓德,陈敦利. 极性反转时换流变压器绝缘电场特性研究[J].高电压技术,1997,23(1):67-68.
[5] 陈庆国,张杰,高源,等. 混合电场作用下换流变压器阀侧绕组电场分析[J].高电压技术,2008,34(3):484-488.
[6] 丁中民,李光范,李鹏,等. 极性反转时典型油纸复合绝缘的电场特性[J].电网技术,2008,

　　　32(23):82-85.

[7] 汤广福,贺之渊,庞辉. 柔性直流输电工程技术研究、应用及发展[J]. 电力系统自动化,2013,
　　　37(15):3-14.

[8] 梁少华,田杰,曹冬明,等. 柔性直流输电系统控制保护方案[J]. 电力系统自动化,2013,
　　　37(15):59-65.

[9] 向异,孙骁强,张小奇,等. 2·24 甘肃酒泉大规模风电脱网事故暴露的问题及解决措施[J].
　　　华北电力技术,2011,9(11):1-7.

[10] 李丹,贾琳,许晓菲. 风电机组脱网原因及对策分析[J]. 电力系统自动化,2011,35(22):
　　　11-15.

[11] 励杭泉,张晨,张帆. 高分子物理[M]. 北京:中国轻工业出版社,2009.

[12] Kamiya Y,Muramoto Y,Shimizu Y. Influence of vacuum evacuation on electrical tree initia-
　　　tion in silicone rubber[C]//Conference on Electrical Insulation and Dielectric Phenomena,
　　　Kansas City,2006.

[13] Kamiya Y,Muramoto Y,Shimizu N. Effect of gas impregnation in silicone rubber on electri-
　　　cal tree initiation[C]//Conference on Electrical Insulation and Dielectric Phenomena,Van-
　　　couver,2007.

[14] Nie Q,Zhou Y X,Chen Z Z,et al. Effect of frequency on electrical tree characteristics in sili-
　　　cone rubber[C]//International Conference on the Properties and Applications of Dielectric
　　　Materials,Harbin,2009.

[15] Du B X,Ma Z L,Gao Y,et al. Effect of ambient temperature on electrical treeing character-
　　　istics in silicone rubber[J]. IEEE Transactions on Dielectrics and Electrical Insulation,
　　　2011,18(2):401-407.

[16] Musa M,Arief Y Z,Abdul-Malek Z,et al. Influence of nano-titanium dioxide(TiO$_2$) on elec-
　　　trical tree characteristics in silicone rubber based nanocomposite[C]//IEEE Conference on
　　　Electrical Insulation and Dielectric Phenomena,Shenzhen,2013:498-501.

[17] 周杨. 基于模块化多电平换流技术的柔性直流输电系统研究[D]. 杭州:浙江大学,2013.

[18] Gao Y,Du B X,Ma Z L. Effect of magnetic field on electrical treeing behavior in XLPE ca-
　　　ble insulation[C]//International Conference on Electrical Insulating Materials,Kyoto,
　　　2011:458-461.

[19] Rudi K,Andrew D H,Managam R. The self-healing property of silicone rubber after de-
　　　graded by treeing[C]//International Conference on Condition Monitoring and Diagnosis,
　　　Bali,2012:254-257.

[20] 周远翔,张旭,刘睿,等. 硅橡胶电树枝通道微观形貌研究[J]. 高电压技术,2014,40(1):
　　　9-15.

[21] Noto F,Yoshimura N,Ohta T. Tree initiation in polyethylene by application of DC and im-
　　　pulse voltage[J]. IEEE Transactions on Electrical Insulation,1977,12(1):26-30.

[22] Sekii Y,Kawanami H,Saito M. DC tree and grounded DC tree in XLPE[C]//IEEE Confer-
　　　ence on Electrical Insulation and Dielectric Phenomena,Nashville,2005:523-526.

[23] Noto F, Yoshimura N, Ohta T. Tree initiation in polyethylene by application of DC and impulse voltage[J]. IEEE Transactions on Electrical Insulation, 1977, 12(1): 26-30.

[24] Kurnianto R, Murakami Y, Hozumi N, et al. Some fundamentals on treeing breakdown in inorganic-filler/LDPE nano-composite material[J]. IEEE Transactions on Dielectrics and Electrical Insulation, 2001, 17(3): 685-693.

[25] 彭娅. 纳米碳酸钙填充室温硫化硅橡胶性能及其补强机理的研究[D]. 成都: 四川大学, 2004.

# 第8章 温度对硅橡胶中电树枝老化特性的影响研究

硅橡胶电缆附件的最高短时运行温度为 90℃，长期运行温度为 50~60℃[1-9]。但是研究表明，当环境温度较高（超过 60℃）时，一些绝缘中的电树枝老化现象会明显加剧[8,10]。以交联聚乙烯为例，室温下，交联聚乙烯为半结晶状态，电树枝一般沿着非结晶区域生长，很难穿过晶球壁；但是在高温环境下，其晶球会发生变化，晶球壁变薄，使得低密度区的形成更为容易，即电树枝的引发可能性变高，导致交联聚乙烯电缆绝缘寿命大幅减少，甚至可能发生绝缘故障。

硅橡胶作为交联聚乙烯电缆附件中的关键部件和主绝缘，其运行电场较交联聚乙烯绝缘更为复杂和恶劣。另外，电缆附件部分轴向尺寸远大于本体，导致其散热较慢，且如果电缆接头连接质量有问题时，导体接触电阻大，温升速度快，发热大于散热，使得接头的氧化膜加厚，又使接触电阻增大，发热更严重，形成恶性循环。以上原因使得电缆附件中的硅橡胶绝缘长期在高温、高电场环境中运行，文献[11]指出中压电缆附件的故障与温度有很大关系。高压电缆系统已经成为目前城市电力系统的主要构成部分，其附件故障导致的停电事故会给城市的政治、经济生活造成严重影响，甚至可能造成人员伤亡。但目前为止，环境温度对电树枝的影响研究多集中在聚乙烯、交联聚乙烯等电缆绝缘材料上，而研究环境温度对硅橡胶中电树枝特性影响的报道尚很少见。

硅橡胶分子结构中主链为 Si—O 键，这与传统绝缘聚乙烯、交联聚乙烯、环氧树脂等的 C—C 键有很大不同。另外，硅橡胶的工作温度范围较宽，具有耐高温特性，因此其在高温环境下的电树枝老化表现也可能与聚乙烯、交联聚乙烯、环氧树脂等有较大区别。

## 8.1 高温对硅橡胶电树枝特性的影响

### 8.1.1 高温对硅橡胶中电树枝起始时间的影响

图 8-1 为硅橡胶中电树枝累积起始概率受环境温度影响的韦布尔分布。实验电压有效值为 8kV，频率为 50Hz。从图中可以看出，不同环境温度下电树枝起始时间的显著差异：电树枝的平均起始时间随着环境温度的升高而增加，相同加压时间内，电树枝的累积起始概率则随着环境温度的升高而降低。在加压时间为

4min,环境温度为 30℃、60℃ 和 90℃时,电树枝的累积起始概率分别为 28.5%、20.8%、15.6%;加压时间为 100min 时,累积起始概率的差异更为显著,分别为 80%、54.2%和 15.6%。图 8-2 为起始阶段电树枝结构,其电树枝形态都是单枝的,不会随着温度的升高而改变。但起始单树枝的宽度随着电树枝形态的不同而有较大区别。枝状电树枝的起始单树枝通道最窄,而丛林状的最宽。

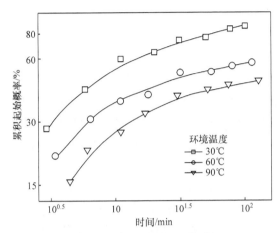

图 8-1　不同环境温度下电树枝累积起始概率的韦布尔分布图

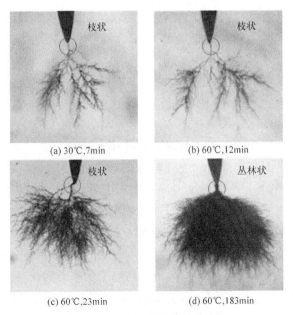

图 8-2　起始阶段的电树枝结构

环境温度对硅橡胶中交联网络的影响与上述现象有很大关系。当环境温度升高时,硅橡胶中交联点的密度也增加,会形成更加均匀的交联网络,这就意味着电树枝的生长过程要破坏更多的交联键,这些会使电树枝的引发和生长变得更加困难。另外,当环境温度升高时,弹性模量的增加也是抑制电树枝引发和生长的一个原因,其弹性模量的计算公式如下[12-15]:

$$E = \frac{3\rho RT}{\overline{M}_c} \tag{8-1}$$

其中,$\rho$ 为硅橡胶的密度;$R$ 为气体常数;$T$ 为环境温度;$\overline{M}_c$ 为硅橡胶中每个交联点的平均分子量。显然,$\overline{M}_c$ 随着交联点数即环境温度的增加而变小,因此环境温度增加时,硅橡胶的弹性模量也显著增加,这就使硅橡胶中的变形更为困难。硅橡胶中电树枝的生长是由于电树枝通道中不断发生局部放电,产生高温、高压气体破坏分子链而使得电树枝通道逐渐向前延伸,而弹性模量增加时,将使电树枝通道中由相同的高压气体产生的形变减小,这样破坏硅橡胶分子链的可能性就降低,从而增加电树枝生长的难度。

硅橡胶中电树枝的累积起始概率随着环境温度的升高而降低,意味着在电缆附件中低温下更容易引发电树枝,因此降低负荷从而控制电缆在低温运行并不能降低电缆附件中电树枝的引发概率,也就不能保证电缆的安全稳定运行。

虽然硅橡胶中的电树枝在电子显微系统中由于光线的反射而呈现为黑色,但实际上硅橡胶中所有的电树枝都是白色的枝状气隙通道。电树枝的生长过程相比于击穿过程并不剧烈,而且硅橡胶中碳含量远低于交联聚乙烯、环氧树脂等,空气中注入的氧气和硅橡胶分子链中释放的氧足以将放电过程中所产生的碳反应掉,将碳变为气体产物,而不是残留在电树枝通道中[16-18],因此硅橡胶中电树枝通道应该是由硅的化合物组成的,其导电性很低,这也解释了硅橡胶中很多电树枝生长到对面电极而不立即击穿的现象。

针尖对电场的极大加强作用能够给电荷注入硅橡胶提供足够的电场强度,电荷的注入导致针尖附近小的空穴或气隙形成,当这些气隙或空穴大到能够引发放电时,电树枝通道容易产生并继续发展。实验中发现,在电树枝的起始阶段,其电树枝形态都是单枝的,如图 8-3 所示,这种情况不会随着温度的提高而改变,但是其起始单树枝的宽度随着后来电树枝形态的不同而有较大区别。枝状电树枝的起始单树枝通道最窄,而丛林状的最宽。一旦出现起始的单树枝通道,就会伴随放电的发生,放电过程中会产生电荷转移,电树枝通道内壁会捕获其中的一些电荷形成空间电荷,在交流电压下,空间电荷会加强局部电场,从而引发新的放电。电树枝通道中的放电会导致通道周围硅橡胶分子链的断裂,随着树枝化时间的增加,放电次数必然上升,树枝通道周围分子链的断裂数目也上升,而丛林状电树枝的生长时间明显长于枝状电树枝,因此其起始单树枝的宽度也最宽。

### 8.1.2 高温对硅橡胶中电树枝形态分布的影响

各种温度下观察到四种硅橡胶中典型的电树枝结构分别为枝状、丛林状、松枝状和丛林-松枝混合状电树枝,如图 8-3 所示。

(a) 枝状　　　　　　　　　　　(b) 丛林状

(c) 松枝状　　　　　　　(d) 丛林-松枝混合状

图 8-3 硅橡胶中典型电树枝结构

枝状电树枝的特点就是有明显粗细不同的电树枝通道,这个特点在松枝状电树枝中也会呈现,但是在松枝状电树枝中还有大量的细小电树枝通道。而对于丛林状电树枝,电树枝通道布满了从针电极到板电极的各个方向,通道间相互交错,形成了丛林状的电树枝,其树枝密度也远大于枝状和松枝状电树枝。另外,丛林状电树枝整体上呈现球状,导致其树枝前端电场分布相对均匀,树枝生长也较缓慢。丛林-松枝混合状电树枝是由丛林状电树发展而来的,丛林状电树枝发展到一定阶段后,在丛林状电树枝的尖端出现了松枝状结构。

实验中还发现,绝大多数电树枝通道都是沿着电场线的方向从针电极向板电极生长,而有一些电树枝通道是沿着垂直于电场的方向甚至沿电场的反向生长,如图 8-3(a)、(c)、(d)所示,这种现象的出现与电树枝通道中由放电产生的高气压有很大关系,气压的全方向性导致电树枝生长方向的不确定性,材料是均匀的。因此,一定会有电树枝通道不是沿着电场线的方向生长。但是沿电场线生长的电树枝前端更靠近地电极,因此其电场强度更高,电树枝更容易沿着电场线的方向发展,直到到达地电极,而沿电场线垂直或反方向生长的电树枝尖端电场逐渐下降,直至电树枝通道内停止放电,从而失去电树枝发展的动力,停止生长。

　　各种结构的电树枝在不同环境温度下出现的概率是不同的,如图 8-4 所示。30℃时,只有两种电树枝结构:枝状和丛林状,其中前者大约占 90%。当环境温度升至 60℃时,出现概率最大的为丛林状电树枝,达到 60%,松枝状电树枝开始在这一温度下显现。温度上升到 90℃时,其电树枝结构分布与 60℃时比较相似,不同的是丛林-松枝混合状电树枝代替松枝状电树枝。不同的电树枝结构分布可能意味着不同的电树枝生长机理,与电树枝起始和生长过程中的影响因素一样,硅橡胶中交联点密度和弹性模量的增加是不同环境温度下电树枝结构分布概率不同的主要原因。30℃时,硅橡胶中的薄弱区域较多,这里所说的薄弱区域是指电树枝容易快速发展的区域,这样枝状电树枝就更容易出现。随着环境温度升高,硅橡胶的结构稳定、薄弱区域分布均匀,电树枝的生长方向更多地是由树枝通道内高气压的随机性造成的,而不是像 30℃时更多地向薄弱区域发展,这样电树枝在长度方向的生长就变得更加困难,但是树枝数目的增加很显著,也就导致丛林状电树枝出现概率增加。

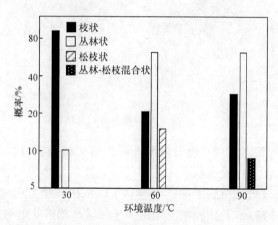

图 8-4　环境温度对硅橡胶中电树枝形态分布的影响

### 8.1.3　高温对硅橡胶中电树枝生长特性的影响

　　图 8-5 所示为不同环境温度下电树枝长度与时间的关系,所选取的对象为每种温度下的典型生长特征,也就是说所选取的电树枝具有可重复性,同类型电树枝有相同的生长趋势。不过每个试样间的生长特性的确存在差异,这种差异将在图 8-7 中描述。为了方便比较,图中只描述枝状电树枝和丛林状电树枝在各温度下都出现的电树枝结构。由图可以看出,两种结构的电树枝在电树枝起始后的几分钟内生长都很快,30℃时枝状电树枝的生长最快,如图 8-5(a)所示,其电树枝长度很容易贯穿针-板电极间的绝缘。但是,当温度上升到 60℃和 90℃时,在电树枝

快速生长阶段过后会有一个明显的滞长阶段,其中 90℃时情况更加明显,导致其电树枝长度明显短于 60℃和 30℃时。

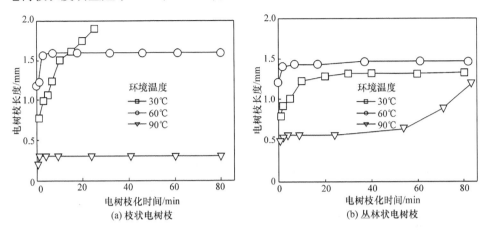

图 8-5   环境温度对电树枝长度和电树枝化时间关系的影响

丛林状电树枝在各温度下生长特性如图 8-5(b)所示,各种温度下电树枝都在快速生长阶段过后立即进入滞长阶段。在这个阶段,电树枝的长度几乎不发生变化,但是电树枝通道的数目却大量增加,其中 30℃和 60℃时情况相似,但是 90℃时,在滞长阶段之后电树枝更容易继续生长。

与电树枝起始阶段的影响因素一样,硫化程度的不同对各温度下电树枝生长速率的差异有很大影响。90℃时硫化程度明显高于 30℃时,使得硅橡胶中的交联网络更加均匀,利于电树枝发展的薄弱区域变少,而随着弹性模量 $E$ 增大,由电树枝通道内放电产生的气压导致的形变变小,从而使由形变导致的硅橡胶分子链断裂减少,这解释了无论枝状还是丛林状电树枝 90℃时的生长速率都最慢的原因。

图 8-6 显示了环境温度对硅橡胶中电树枝长度的影响,图中数据包含了实验中所产生的所有枝状和丛林状电树枝,这些数据都是指 90min 内电树枝所达到的长度。松枝状和混合状电树枝不是所有温度下都出现,不易于比较,因此图中不包含这两种电树枝。从图 8-6 中可以看出,随着环境温度的升高,枝状电树枝在90min 内所达到的长度逐渐变小。在 30℃下,枝状电树枝很容易生长到地电极附近;90℃时枝状电树枝的长度远小于 30℃和 60℃时。对丛林状电树枝而言,其平均电树枝长度并不因为环境温度的变化而出现很大差异,30℃时丛林状电树枝的长度变化很小可能与数据数量有关,因为 30℃时,枝状电树枝占主导部分,丛林状电树枝的产生概率不大,最终丛林状电树枝的个数也很少,导致 30℃时丛林状电树枝长度差异不如 60℃和 90℃时大。

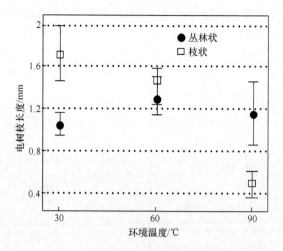

图 8-6　环境温度对电树枝长度的影响

### 8.1.4　高温对硅橡胶中电树枝分形维数的影响

　　近年来,分形维数作为描述电树枝生长特性的一个重要参数而广泛采用,分形维数的大小显示了树枝结构的复杂程度,二维电树枝照片的分形维数为 1～2。本节采取必要的图像处理技术来分辨二维图像中的电树与非电树区域,经过多次实验得到最佳背景噪声值来减少计算误差。各温度下不同类型电树枝的分形维数如图 8-7 所示。不难看出,分形维数与电树枝的结构类型关系很大,而受环境温度的影响较小。枝状电树枝的分形维数随时间的延长而单调增加,丛林状电树枝的分形维数在达到峰值(1.6)后开始下降,而混合状电树枝与丛林状电树枝相似,但是其分形维数到达最低拐点后又开始出现上升趋势。

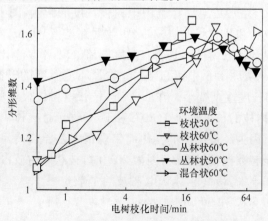

图 8-7　环境温度对电树枝分形维数的影响

枝状电树枝的长度在电树枝起始后随着加压时间的延长而增加,其树枝密度也随之增长,因此树枝结构的复杂程度相应增加,这就意味着枝状电树枝的分形维数随着电树枝化时间的延长而增加。对于丛林状电树枝,在起始阶段,其分形维数的增长趋势与枝状电树枝一致,只是数值要稍微大一些,因为丛林状电树枝的树枝数目要大于枝状电树枝,其树枝结构的复杂程度也大于枝状电树枝。但是丛林状电树枝结构形成后,即电树枝的密度达到一定程度后,在二维图像中其电树枝的增加反而会降低其树枝结构的复杂程度,因为树枝密度过密时,在电树枝结构的中心区域树枝间相互交错、覆盖,导致中心区域逐渐变成一团黑色,从而降低树枝结构的复杂程度。这就解释了丛林状树枝长度变化不大时,树枝数目一直增加,但是分形维数却在到达最高点处开始下降的原因。对于混合状电树枝,其分形维数的变化趋势在新的树枝结构出现之前与丛林状电树枝一致,但是随着新的树枝结构出现,即丛林状电树枝的边缘出现松枝状电树枝,在二维图像范围内,其树枝结构变得更复杂,而电树枝中心区域的变化不大,从而导致混合状电树枝的分形维数在下降到最低拐点后重新出现上升趋势。

不难看出,二维图像的电树枝分形维数已经不能真实地反映丛林状电树枝的复杂程度,如果能计算其三维分形维数将非常有意义。目前,计算聚合物中电树枝三维分形维数的报道并不多,主要原因是其实现方法比较复杂,需要将电树枝沿电场方向切成几十微米厚的薄片,然后将每张薄片照相,最后把所有含电树枝的薄片图像进行三维空间重构,得到其三维的电树枝照片并进行分形维数的计算。这种方法在文献[19]中提到过,是对交联聚乙烯中电树枝实现的三维分形维数计算,但是对硅橡胶试样而言,由于其工作温度范围为 $-50 \sim 250℃$,现有切片机一般最低工作温度为 $-30℃$,很难将其切成几十微米厚的薄片,因此硅橡胶中丛林状电树枝三维分形维数的计算将是后续研究努力的方向。

### 8.1.5　高温对硅橡胶中电树枝占空比的影响

丛林状和枝状电树枝的生长过程分别如图 8-8(a)、(b)所示,实验电压有效值为 8kV,丛林状电树枝的长度在树枝起始 1min 后就变化不大,但是其树枝数目随着加压时间延长不断增长,在电树枝的中心区域由于树枝数目过多,树枝间相互交错、重叠,并逐渐将这一区域完全覆盖,在二维图像上成为一团黑色,导致其二维树枝分形维数出现“虚假”下降趋势。枝状电树枝的长度随着树枝化时间的延长而不断增加,在整个生长过程中一直维持这个趋势,很容易到达地电极(10min 左右),形成贯穿电树,这与丛林状电树枝有很大不同,且其树枝数目远小于丛林状电树枝。

仅用一个参数来描述电树枝的生长特性是不够的。电树枝的生长速率只能描述其沿着电场线方向的行为,而分形维数在描述电树枝的横向发展方面是有缺陷

(a) 丛林状电树枝生长过程

(b) 枝状电树枝生长过程

图 8-8　电树枝生长过程

的[20]，因此采用另一个参数——树枝化占空比，来描述电树枝劣化区域的大小，作为电树枝生长速率和分形维数的补充参数。图 8-9(a)~(c)所示分别为枝状、丛林状和混合状电树枝在不同环境温度下树枝化占空比与电树枝化时间的关系。在与图 8-5 比较后可以看出，在电树枝的起始阶段，树枝化占空比快速增加，这种增加趋势一直持续，即使电树枝的长度变化不大时，仍能保持，尤其是丛林状电树枝。随着温度的增加，树枝化占空比逐渐下降，与图 8-5(a)中温度对电树枝生长速率的影响趋势一样，因为对枝状电树枝而言其树枝数目不多，树枝化占空比的增加主要取决于电树枝长度。丛林状电树枝的特点就是树枝数目众多，即使电树枝长度变化不大，其树枝数目也在一直增加，因此其树枝化占空比远高于枝状电树枝，且与

图 8-5(b)所示的电树枝生长速率趋势不同,在电树枝长度变化不大时一直保持增长趋势。

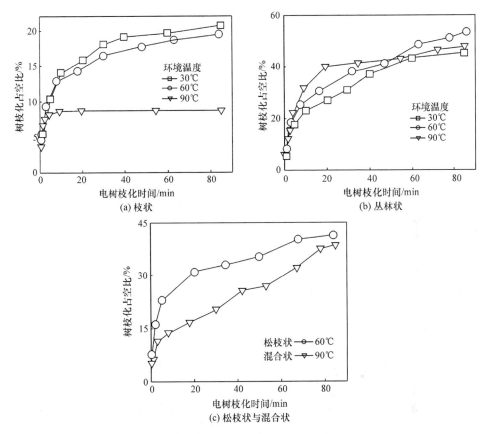

(a) 枝状

(b) 丛林状

(c) 松枝状与混合状

图 8-9　环境温度对树枝化占空比的影响

各种类型电树枝的树枝化占空比总体趋势如图 8-10 所示。图中总结了不同结构电树枝的树枝化占空比长时间情况下的发展趋势,丛林状电树枝的劣化区域最大,枝状电树枝最小,中间是松枝状和混合状电树枝。具体来说,枝状电树枝的树枝化占空比在环境温度为 90℃ 时不超过 10%,而温度下降到 60℃ 和 30℃ 时,也很难超过 20%。但对丛林状电树枝而言,各温度下其树枝化占空比基本都能到达 45%。在环境温度为 60℃ 和 90℃ 时才出现的松枝状电树枝和混合状电树枝,其树枝化占空比最终将达到 40% 左右。

### 8.1.6　高温对硅橡胶中电树枝累积击穿概率的影响

实验中发现,当电树枝生长到地电极时,并不立即发生击穿,电树枝的击穿是以击穿通道的出现为标志的,并伴随着剧烈的发光和放电现象。图 8-11 为两个击

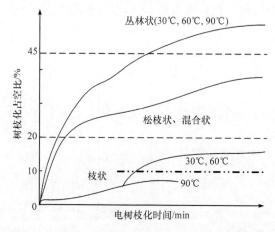

图 8-10　环境温度与树枝化占空比关系总结示意图

穿试样的照片。从图中可以看到一条明显的贯穿针-板电极的放电通道,这个通道与普通的电树枝通道有明显不同,普通电树枝通道应该是由硅的化合物组成的,而这个击穿通道是黑色的,硅的化合物中没有黑色的,因此这个击穿通道更多的是由碳累积造成的。击穿过程与电树枝化过程相比要剧烈得多,这个过程中没有足够的氧气与析出的碳反应形成气体产物,而是更多地留在放电通道内壁,形成导电通道,这个导电通道的出现意味着电树枝的击穿。

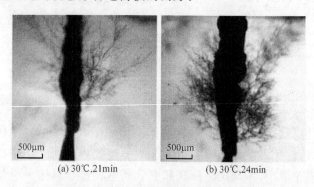

(a) 30℃,21min　　　　　　(b) 30℃,24min

图 8-11　电树枝的击穿

　　环境温度对硅橡胶中电树枝的起始时间、生长速率等特性的影响,必然影响其电树枝的击穿时间,图 8-12 所示为环境温度对硅橡胶中电树枝累积击穿概率的影响。环境温度为 30℃时,相同时间内电树枝累积击穿概率要远大于 60℃ 和 90℃时,这与 30℃时主要的树枝结构为枝状电树枝有很大关系(图 8-4 所示,30℃时,90％为枝状电树枝),枝状电树枝的生长要明显快于丛林状、松枝状等其他类型的电树枝,到达对面电极的时间也远小于其他类型电树枝。枝状电树枝的结构导致其电树枝尖端电场强度较高,电树枝通道内的放电更容易发生,电树枝的发展更加容易,而对丛林状电树枝而言,其电树枝尖端整体呈现球状,有均匀电场的作用,导致电树枝前端电场强度较低;另外,丛林状电树枝内树枝通道众多,不像枝状电树枝一样主要的树枝通道都是沿电场线方向的,由放电产生的局部高温、高气压造成的电树枝的扩张或延伸主要集中在电树枝的中心区域,方向也是各处都有,不像枝状电树枝主要沿着电场线的方向。环境温度升高时,硅橡胶弹性模量的增加,使得相同放电量产生的局部高气压造成的形变变小,从而导致硅橡胶分子键断裂的概率也变小,这也是温度升高时硅橡胶中电树枝击穿时间增加的原因。

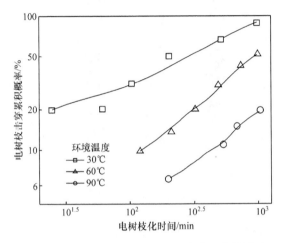

图 8-12　环境温度对电树枝累积击穿概率的影响

## 8.2　低温对脉冲电压下电树枝特性的影响

### 8.2.1　低温对脉冲电压下电树枝起始概率的影响

统计不同温度下的电树枝起始概率,施加电压为−10kV 脉冲电压,加压时间为 2min,本节选取了 100Hz 下的电树枝起始特征加以分析。如图 8-13 所示,在温度为 20℃、−30℃及−60℃时,电树枝的起始概率并未发生明显变化,2min 内电树枝起始概率为 80%左右,而当温度下降至−90℃时,2min 内电树枝起始概率降至 10%左右。如前所述,当施加 50Hz、8kV 交流电压时,相应的起始概率为 50%左右。这说明在温度为−90℃时,脉冲电压难以引起电树枝生长,对比两种电压下的电树枝起始原因可知,在交流电压下,发生电荷的注入与抽出,其产生的热量会导致针尖附近的分子状态发生变化,导致分子状态由结晶态转换为非结晶态,随着局部温度的升高以及电荷对分子链的不断撞击,最终导致分子链断裂分解,形成材料内的微孔,从而产生局部放电并形成可观测的电树枝;而当施加单极性脉冲电压时,并没有发生电荷的注入与抽出,而是向材料内不断注入电荷形成了空间电荷,并且由于外部电场的变化,材料内自由电荷与入陷电荷会发生运动,撞击分子链并产生分子链的断裂,在此过程中产生热量较少导致分子链的破坏过程减缓,延缓了材料内微孔的形成,从而导致电树枝起始概率降低。

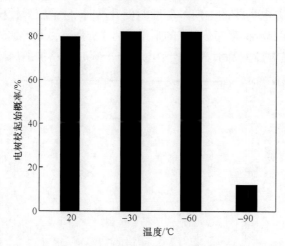

图 8-13　不同温度下电树枝起始概率

## 8.2.2　低温对脉冲电压下电树枝形态的影响

　　除 20℃之外,本节研究不同温度下脉冲电压引发电树枝的生长特性,温度为−30℃、−60℃及−90℃。随着温度变化,电树枝生长特性出现明显区别。在−90℃下,当施加−10kV 脉冲电压时,100min 内只有少量试样出现可观测到的电树枝现象,且均为单树枝结构的枝状电树枝,其原因是在此温度下,通道内可能发生部分气体液化从而使电树枝通道内的气压降低,并且在此温度下硅橡胶材料较高的结晶度也极大抑制了电树枝的生长。其他几种温度下电树枝类型分布如图 8-14 所示,当温度为 20℃及−30℃时,电树枝形态分布类似,主要电树枝类型均为枝状,这是由于在此两种温度下,硅橡胶分子均处于熔融态,分子的运动状态类似,分子链段运动剧烈,电树枝会沿着材料内的弱区生长并最终形成枝状电树枝。而当温度降低至−60℃时,材料内部分子发生了结晶,但分子结晶度较低,使得大部分分子并未处于结晶状态从而导致大量结晶区-非结晶区界面的形成,这些界面的形成会明显影响电树枝的生长形态。此外,此温度接近 $T_{\rm m}$,因此如果硅橡胶分子产生足够的温升之后,会导致晶区熔融,产生结晶态向熔融态的转变。但是在单极性脉冲电压下,并未发生电荷的注入-抽出过程,导致通道内温升比交流电压下明显降低,不足以引起硅橡胶分子状态的转换。此时材料内分布的晶粒会起到与纳米颗粒类似的作用,即晶区及非晶区分子排布的不同导致材料内电场分布的畸变,使得电树枝的生长方向发生偏转,但同时由于结晶区的击穿强度高于非结晶区,电树枝的生长会受到明显的阻滞而停止生长或者绕过结晶区继续生长。随着加压时间的延长,材料内的结晶度增加,晶粒逐渐生长从而使得电树枝的生长形态更加复杂,最终形成相互交错的丛林状电树枝。

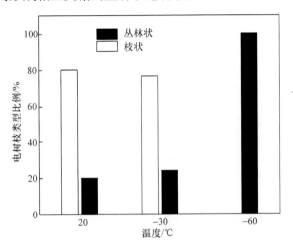

图 8-14　不同温度下电树枝类型分布

### 8.2.3　低温对脉冲电压下电树枝生长特性的影响

本节选取 100Hz、−10kV 脉冲电压下的电树枝加以分析,如图 8-15 所示。由图 8-15(a)可知,在温度为 20℃及−30℃时,电树枝长度随着时间延长持续增长,但当温度降至−60℃时,电树枝在 10min 后生长极为缓慢。这是不同温度下电树枝形态的区别造成的,在 20℃及−30℃时主要电树枝形态为枝状,因此其生长较

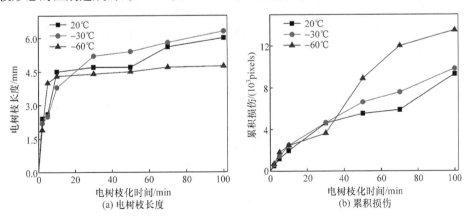

图 8-15　电树枝长度及累积损伤随电树枝化时间变化趋势

快,而在−60℃时,电树枝形态为丛林状,其生长明显较慢。结合图 8-15(b)可知,电树枝的累积损伤趋势与长度的变化趋势并不相同,这是由于虽然丛林状电树枝的电树枝长度较小,但是其丛林区域树枝密度极高,因此电树枝的破坏区域大为增加。而枝状电树枝整体树枝密度较小,即使在较长的电树枝长度下,其破坏区域仍小于丛林状。由此可知,在脉冲电压下,温度高于−60℃时电树枝生长较快,更易生长至地电极导致击穿,而当温度降至−60℃时,其电树枝类型为丛林状电树枝,其长度生长较慢,导致其引起击穿的概率减小,但其对硅橡胶材料的破坏面积却明显增加。

## 参 考 文 献

[1] Odwyer J J. Breakdown in solid dielectrics[J]. IEEE Transactions on Electrical Insulation, 1982,EI-17(6):484-487.

[2] 王志钧,吴炯. 500kV XLPE 电缆绝缘中树枝化现象的评述[J]. 电线电缆,2001,(2):16-20.

[3] 谢安生,郑晓泉,李盛涛,等. XLPE 电缆绝缘中的电树枝结构及其生长特性[J]. 高电压技术,2007,33(6):168-173.

[4] 王以田,郑晓泉,Chen G,等. 聚合物聚集态和残存应力对交联聚乙烯中电树枝的影响[J]. 电工技术学报,2004,19(7):44-48.

[5] 郑晓泉,Chen G,Davies A E. 交联聚乙烯电缆绝缘中的双结构电树枝特性及其形态发展规律[J]. 中国电机工程学报,2006,26(3):79-85.

[6] 郑晓泉,Chen G,Davies A E. 交联聚乙烯电缆绝缘中的电树枝与绝缘结构亚微观缺陷[J]. 电工技术学报,2006,21(11):28-33.

[7] 郑晓泉,Chen G,Davies A E. 结晶状态对 XLPE 电缆绝缘中电树枝的影响[J]. 高电压技术,2003,19(3):6-9.

[8] 郑晓泉,Chen G,Davies A E. XLPE 电缆绝缘中的电树枝种类及其影响因素[J]. 电工电能新技术,2003,22(4):21-24.

[9] Shimizu N,Shibata Y,Ito K,et al. Electrical tree at high temperature in XLPE and effect of oxygen [C]//IEEE Conference on Electrical Insulation and Dielectric Phenomena, Victoria,2000.

[10] 朱晓辉. 交联工艺对交联聚乙烯绝缘特性的影响[D]. 天津:天津大学,2010.

[11] Jongen R,Gulski E,Smit J. Failures of medium voltage cable joints in relation to the ambient temperature[C]//International Conference and Exhibition on Electricity Distribution, Prague,2009.

[12] 陈平,唐传林. 聚合物的结构与性能[M]. 北京:化学工业出版社,2005:19-34.

[13] 何平笙. 新编高聚物的结构与性能[M]. 北京:科技出版社,2009:217-231.

[14] 吴其胜,蔡安兰,杨亚群. 材料物理性能[M]. 上海:华东理工大学出版社,2006:224-227.

[15] 龙毅,李庆奎,强文江. 材料物理性能[M]. 长沙:中南大学出版社,2009:154-165.

[16] Du B X, Ma Z L, Gao Y. Phenomena and mechanism of electrical tree in silicone rubber [C]//IEEE 9th International Conference on the Properties and Applications of Dielectric Materials, Harbin, 2009.

[17] Du B X, Ma Z L, Gao Y, et al. Effect of ambient temperature on electrical treeing characteristics in silicone rubber[J]. IEEE Transations on Dielectrics and Electrical Insulation, 2011, 18(2):401-407.

[18] Du B X, Ma Z L, Gao Y. Effect of temperature on electrical tree in silicone rubber[C]//International Conference on Solid Dielectrics, Potsdam, 2010.

[19] Kudo K. Fractal analysis of electrical trees[J]. IEEE Transations on Dielectrics and Electrical Insulation, 1998, 5(5):713-727.

[20] Chen G, Tham C H. Electrical treeing characteristics in XLPE power cable insulation in frequency range between 20 and 500Hz[J]. IEEE Transations on Dielectrics and Electrical Insulation, 2009, 16(1):179-188.

# 第 9 章  硅橡胶纳米复合材料电树枝生长机理及自愈现象研究

## 9.1  硅橡胶纳米复合材料电树枝生长机理

本节在低温及脉冲电压条件下进行硅橡胶纳米复合材料电树枝化实验，以探究该条件下 $SiO_2$ 颗粒对硅橡胶电树枝的抑制作用。选用不同纳米 $SiO_2$ 颗粒含量的硅橡胶复合材料试样，共计进行两组实验。

硅橡胶及硅橡胶/$SiO_2$ 纳米复合材料的差示扫描量热（DSC）结果如图 9-1 所示。结果表明，硅橡胶与硅橡胶纳米复合材料试样具有不同的结晶温度 $T_c$ 以及熔融温度 $T_m$。图中记录了 0.0wt％及 1.0wt％的硅橡胶纳米复合材料 DSC 曲线，与纯硅橡胶试样相比，硅橡胶纳米复合材料具有较高的结晶温度 $T_c$ 以及较高的结晶熔融温度 $T_m$。这是因为纳米颗粒在硅橡胶的结晶过程中起到很大的作用。纳米颗粒最重要的成核效应是诱导结晶效应[1]。当在聚合物中加入纳米颗粒时，这些颗粒在结晶过程中会形成成核中心，促进高分子结晶中的异相成核，不但加速结晶，而且会使球晶尺寸变小，提高高分子材料的结晶度，并且纳米分子在硅橡胶内分布较为均匀，这也导致由此形成的晶粒分布较为均匀。

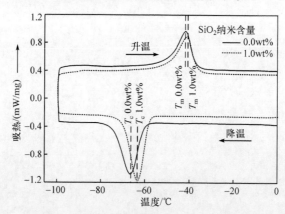

图 9-1  硅橡胶及其纳米复合材料的 DSC 曲线

### 9.1.1　低温环境下硅橡胶纳米复合材料电树枝生长机理

#### 1. 纳米 $SiO_2$ 颗粒对电树枝形态分布影响机理分析

本节探讨纳米 $SiO_2$ 颗粒在低温环境下对硅橡胶纳米复合材料内电树枝形态分布、起始概率以及生长特性的影响机理。

为研究纳米 $SiO_2$ 颗粒对电树枝形态分布的影响，选取 0.0wt% 及 1.0wt% 试样内各温度的电树枝类型分布加以分析。图 9-2 所示为 1.0wt% 试样内各温度的电树枝类型分布，在 $-60\sim-30$℃时，硅橡胶纳米复合材料内同样存在枝状与丛林状两种电树枝，但丛林状电树枝的比例明显变大，$-60$℃时所占比例接近 60%。当温度为 $-90$℃时，则只存在松枝状电树枝。

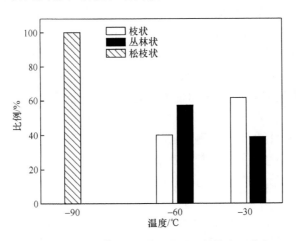

图 9-2　1.0wt% 试样不同温度下电树枝类型分布

与纯硅橡胶试样相比，在 1.0wt% 试样内，温度与纳米颗粒共同影响电树枝形态分布。温度的作用与纯硅橡胶试样内类似，主要引发分子结构的变化，而纳米 $SiO_2$ 颗粒在影响分子结晶过程的同时，会直接对电树枝形态的分布产生影响。

当温度为 $-30$℃时，纳米颗粒的存在使丛林状电树枝的比例明显升高。这是由于纳米颗粒的存在导致电树枝的通道变得更加复杂，最终形成了丛林状电树枝。硅橡胶材料内大量存在的纳米颗粒使得外施电场在纳米颗粒附近发生畸变，并且纳米 $SiO_2$ 颗粒对电荷的吸附作用较强，使得树枝在其生长过程中逐渐指向纳米 $SiO_2$ 颗粒生长。日本学者 Tanaka 等所提出的纳米复合材料多核模型指出，纳米材料表面存在 3 个界面层——键合层、束缚层和松散层，处在最内层的键合层将纳米 $SiO_2$ 颗粒与外层有机材料紧密结合在一起，具有较高的击穿强度；第三层与第二层存在相对松散的耦合相互作用，击穿强度较低[2,3]。因此，当电树枝生长至纳米颗粒附近时,键合层及纳米 $SiO_2$ 颗粒较高的击穿强度及机械强度,使得树枝通道内的高电场无法击穿纳米 $SiO_2$ 颗粒,局部放电产生的高温及高气压也无法对其造成破坏。这些原因使得电树枝不得不"绕过"这些颗粒继续生长或停止生长转而在其他位置生成新的电树枝,这将导致电树枝生长的方向发生变化并形成更多分枝。此外,在电树枝生长过程中,纳米颗粒的存在,使得电树枝通道在横向发展时受到纳米 $SiO_2$ 颗粒作用区域的影响,无法像纯硅橡胶试样中一样随着电树枝化时间的延长逐渐变粗成为颜色较深的主干,这导致所有电树枝粗细较为均匀。纳米 $SiO_2$ 颗粒的以上作用使硅橡胶纳米复合材料内丛林状电树枝的比例大幅提高。

当温度下降至 $-60℃$ 时,$1.0wt\%$ 试样内纳米 $SiO_2$ 颗粒的存在导致其晶粒较小且结晶度较高。此时,晶粒在电树枝形成过程中的作用与纳米颗粒类似,晶粒的存在会阻碍电树枝的生长,使得电树枝会沿着晶粒的边缘生长而难以直接将晶粒击穿,使得丛林状电树枝形成的概率升高。但是即使此时晶粒数量较多,分布也较为均匀,仍有部分生长为枝状电树枝,这是由于在晶粒起到阻碍作用的同时,电树枝通道内由局部放电产生的高温仍可能使通道附近的分子温度升高,导致晶粒熔融,再次进入非结晶态,这种分子状态的转变,使得结晶区-非结晶区界面增多,这些界面会形成大量的微孔及缺陷,促进枝状电树枝的形成。

当温度降至 $-90℃$ 时,与纯硅橡胶试样类似,纳米复合材料结晶已完成,试样整体结晶度较高,且纳米 $SiO_2$ 颗粒的存在使得晶粒的分布更加均匀。这些因素与外界较低的环境温度共同导致松枝状电树枝的形成。

2. 纳米 $SiO_2$ 颗粒对低温环境下电树枝起始概率的影响机理分析

为研究温度对于电树枝起始概率的影响,选取纯硅橡胶试样及 $1.0wt\%SiO_2$ 硅橡胶纳米复合材料进行分析。图 9-3 所示为两种试样在各温度下的电树枝起始概率。

由图 9-3 可知,在纯硅橡胶试样内,电树枝起始概率在 $-60℃$ 时最高,在 $-90℃$ 时最低。但在 $1.0wt\%SiO_2$ 的硅橡胶纳米复合材料内,电树枝的起始概率随着温度的下降逐渐减小,且在任一温度下硅橡胶纳米复合材料的电树枝起始概率明显降低。由 DSC 结果可知,在 $1.0wt\%SiO_2$ 试样内,纳米颗粒对复合材料结晶的促进作用,使结晶峰提前出现,结晶温度 $T_c$ 明显升高,测得 $T_c$ 约为 $-62℃$。当温度为 $-30℃$ 时,试样内并未发生结晶,纳米 $SiO_2$ 颗粒大量吸收由针电极注入的电荷,形成与针尖同极性的空间电荷电场,中和了针尖附近的电场强度,导致电树枝起始概率降低。当温度为 $-60℃$ 时,已接近结晶速率峰值点,此时复合材料内硅橡胶结晶程度已经较高,且由于纳米颗粒在材料内的分布较为均匀,导致结晶分布较为均匀,这些均匀分布的晶粒使材料内电场分布变得均匀,且分子排列整齐使得结晶本身的击穿场强高于未结晶区域,因此在此温度下,电树枝起始概率降低。

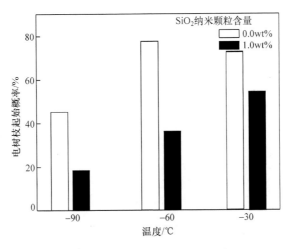

图 9-3　各温度下电树枝起始概率

当温度为−90℃时,分子内结晶程度进一步提高且由于纳米颗粒的存在而分布更加均匀。此外,较低的温度会导致针尖部位电荷注入-抽出的热效应降低,通道内部分气体液化而导致气压降低,从而对硅橡胶分子的破坏程度减弱,电树枝的起始概率明显降低。

综上所述,当硅橡胶绝缘工作在较低温度时,除采取正确措施保证其工作在适宜的温度之外,采用硅橡胶纳米复合材料也可以有效地抑制电树枝化的发生。

**3. 纳米 SiO₂ 颗粒对电树枝生长特性的影响机理分析**

纳米 $SiO_2$ 颗粒的添加,会改变有机物的力学性能并且引起复合材料内电场分布的变化,这些变化会使电树枝的形态及生长特性受到影响。由于电树枝生长的分期性特点,选取 5min、15min 以及 110min 时的电树枝长度来分析纳米 $SiO_2$ 颗粒对电树枝生长特性的影响,其统计结果如图 9-4 所示。

由图 9-4(a)可知,当温度为−30℃时,5min 时电树枝长度随纳米颗粒含量由 0.0wt%至 1.5wt%持续变短,至 1.5wt%达到最小长度,纳米颗粒含量由 1.5wt%增加至 2.0wt%时,电树枝长度变长;15min 及 110min 电树枝具有相似的生长趋势。当温度为−60℃时,5min 时电树枝长度随着纳米颗粒含量的增长持续下降,至 1.5wt%时到达最小长度;15min 以及 110min 时电树枝生长具有相同趋势,但长度下降速度明显减小。当实验温度为−90℃时,电树枝长度变化趋势与之前不同,5min 及 15min 时不同试样内电树枝长度接近,变化趋势并不明显;当加压时间延长至 110min 时,不同试样内电树枝长度差别明显,1.5wt%试样内电树枝长度最小,2.0wt%试样内电树枝长度最大。

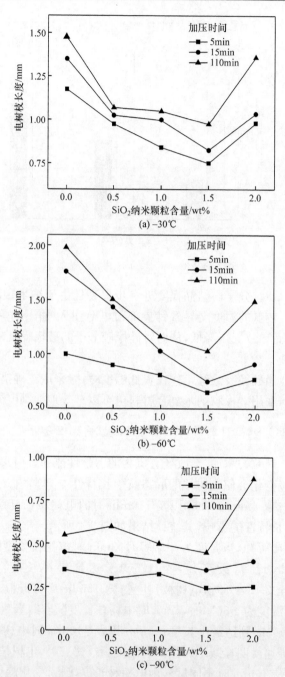

图 9-4　不同纳米 $SiO_2$ 颗粒含量下的电树枝长度

　　大量研究表明,有机高分子绝缘材料内加入纳米颗粒可以有效抑制电树枝的生长,但是随着纳米颗粒含量的不同,其抑制作用也明显不同[4,5]。由于纳米 $SiO_2$

颗粒的介电常数较高,其表面的电场强度明显提高,且纳米颗粒本身对电荷吸附能力较强,易形成陷阱,因此电树枝的生长方向会受其影响而指向纳米颗粒。但随着纳米颗粒含量的升高,彼此间距会逐渐变小,这使得纳米颗粒的作用区域相互重叠,重叠层的形成会导致邻近纳米颗粒之间形成导电通道。这些通道的形成,有利于电荷的迅速通过,电树枝生长至此类重叠区域时会快速通过,致使电树枝生长明显加快[6]。

当温度为−30℃时,材料内并未形成分子结晶,此时纳米颗粒是引起电树枝长度差异的主要原因。随着纳米颗粒含量的提高,在 0.5wt%～1.5wt%区间内,材料内纳米 $SiO_2$ 颗粒的数量逐渐变多,且并未形成重叠作用区,这使得电树枝的生长路径随着颗粒数量的增多而更加复杂,导致电树枝长度降低。但当纳米 $SiO_2$ 颗粒含量升至 2.0wt%时,数量的增多导致纳米颗粒之间出现部分重叠作用区,使得电树枝的生长加快。

当温度为−60℃时,材料内结晶过程开始,大量晶粒开始在材料内部形成。这些晶粒的存在会对电树枝的生长起到明显的抑制作用。当电树枝生长至结晶区内时,温度(−60℃)接近 $T_m$(约为−40℃),因此电树枝通道内局部放电产生的热量可能导致通道附近晶粒的分解,使得电树枝可以持续生长,但是结晶熔融后材料内存在大量的纳米 $SiO_2$ 颗粒,电树枝生长速率仍然会受到明显抑制。当纳米颗粒含量升至 2.0wt%时,晶粒数量由于纳米颗粒数量的升高而增多,但晶粒的尺寸会因此变小,结晶区界面增多,晶粒受热分解后,由于纳米颗粒重叠作用区的存在,电树枝的生长加快。

温度降至−90℃时,硅橡胶纳米复合材料结晶程度更高,且较低的温度使得材料内的晶粒难以熔融,材料内分子链排列整齐致密。在电树枝形成初期,电树枝较细且数量较少,此时电树枝通道内的局部放电及其产生的高气压可以推动电树枝长度的增加,但随着加压时间延长,电树枝分枝数量逐渐增多,从而使通道内的气压降低,无法破坏电树枝通道尖端的分子链结构,抑制电树枝长度的增长。此外,由低温引发的部分气体液化也会降低通道内的气压。因此在此温度下,纳米颗粒对电树枝长度的影响作用减小,较低的实验温度成为决定电树枝长度的主因。

### 9.1.2 脉冲电压下硅橡胶纳米复合材料电树枝生长机理

#### 1. 纳米 $SiO_2$ 颗粒对脉冲电压下电树枝起始概率的影响

由图 9-5 可知,由于纳米 $SiO_2$ 颗粒的添加,电树枝的起始概率发生了明显变化,电树枝起始概率在纳米 $SiO_2$ 颗粒含量为 0.0wt%至 1.0wt%之间持续降低,在 1.0wt%及 1.5wt%时起始概率接近,至 2.0wt%时再次升高。由此说明,纳米 $SiO_2$ 颗粒对于电树枝的起始概率有明显的抑制作用。由脉冲电压下的电树枝起始原理可知,电荷入陷-脱陷及自由电子运动对分子链的碰撞会导致电树枝形成。

但是,纳米 $SiO_2$ 颗粒对电荷的吸附性能较高,因此在针尖附近积聚了大量的同极性电荷,从而降低了针尖处的电场强度,使得后续的电荷注入能量变小,且材料内存在的纳米 $SiO_2$ 颗粒会形成深陷阱,吸附大量电荷并减小自由行程从而降低电树枝的起始概率。当纳米 $SiO_2$ 颗粒含量升高至 2.0wt%时,对电场的中和作用仍然存在,但作用重叠区的出现使电树枝的起始概率较 $SiO_2$ 颗粒含量低时明显升高。

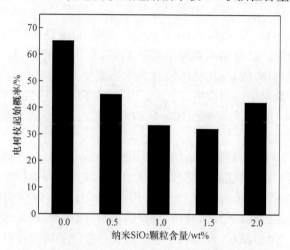

图 9-5　不同纳米 $SiO_2$ 颗粒含量下电树枝起始概率

### 2. 纳米 $SiO_2$ 颗粒对脉冲电压下电树枝生长特性的影响

为研究纳米 $SiO_2$ 颗粒对电树枝生长特性的影响,选取 5min、30min 及 60min 时不同纳米 $SiO_2$ 颗粒含量试样内的丛林状电树枝长度加以分析。

由图 9-6 可知,在 5min 时,电树枝长度差异不大,1.0wt%、1.5wt% 及 2.0wt%三种试样内电树枝长度略短,但随着电树枝化时间的延长,不同试样内的电树枝长度出现了明显差异,在 30min 及 60min 时电树枝长度随着纳米 $SiO_2$ 颗粒含量变化的趋势相同,当 $SiO_2$ 含量为 1.5wt%时,电树枝长度最小。这是由于在 5min 时,所有试样内的电树枝都处于快速生长期,在这个时期内,电树枝并未形成明显的丛林状区域,且树枝数量较少。因此,局部放电产生的高温及高气压可以有效地促进电树枝长度的增加,在此阶段内纳米 $SiO_2$ 颗粒对于电树枝长度的抑制作用并不明显,只是对于电树枝的起始概率有明显的抑制作用。而随着电树枝化时间的增加,纳米 $SiO_2$ 颗粒对于电树枝长度的抑制作用逐渐显现,这是由于以下两个原因:一是电树枝自身形态的变化,在此阶段内,由于纳米 $SiO_2$ 颗粒的存在,电树枝形态的复杂程度随着纳米 $SiO_2$ 颗粒含量的升高而增加,在 0.5wt% ～ 1.5wt%区间内,更高的纳米 $SiO_2$ 颗粒含量意味着更复杂的电树枝形状,即丛林状区域含有更多的分枝,分枝数量的增加会明显减小电树枝通道内的气压,使得电树枝的生长明显减缓；二是材料内逐渐增多的纳米 $SiO_2$ 颗粒会直接阻碍电树枝的生长，部分电树枝生长至纳米 $SiO_2$ 颗粒附近时，由于其较高的力学强度及击穿强度而停止生长。因此，在此含量区间内，电树枝的长度随着 $SiO_2$ 颗粒含量的增加而明显减小。而当纳米 $SiO_2$ 颗粒含量增加至 2.0wt％时，作用重叠区的形成，导致材料内缺陷的数量增加，反而在一定程度上加快了电树枝的生长，但是这个由于重叠区而产生的加速作用是有限的，在此含量下纳米颗粒的存在仍然可以明显抑制电树枝生长。

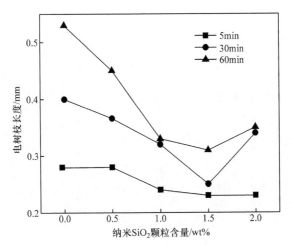

图 9-6　不同纳米 $SiO_2$ 颗粒含量下的电树枝长度

## 9.2　电树枝通道微观结构分析

电树枝是由局部放电引起的破坏通道，不同材料内电树枝的生长过程具有明显的区别。本节在现有实验水平上研究硅橡胶材料中电树枝的多种微观形态并分析电树枝的生长过程。

为了解电树枝通道内的微观结构，使用 SEM 对其微观结构进行观察，其结果如图 9-7 所示。图 9-7(a)中电树枝通道内径为 $3.2\mu m$，且电树枝通道内分布有较多的球形固体颗粒，这些颗粒直径为几百纳米。由图可知，这些固体颗粒在电树枝通道内起到支撑作用，使得电树枝通道在硅橡胶回弹应力的作用下保持管状结构。但是这些固体颗粒并未充满整个电树枝通道，从而使局部放电时分子链裂解产生的气体产物可以在电树枝通道内传播。

硅橡胶电树枝在起始阶段由于局部放电形成局部的高温，且通道内并无氧气存在。研究表明，在高温密闭环境内，硅橡胶主要发生主链断裂反应，产生挥发性的小分子环状聚硅氧烷[7,8]。挥发性聚硅氧烷不断积累使得气隙通道中的压强不断升高,促进电树枝生长[9]。实验发现,电树枝起始阶段是一个不稳定的过程,当持续施加电压时,电树枝的长度会保持在当前值或有所增长,但当迅速降低外加电压时,电树枝长度会明显减小。这可能是由通道内的气压变化引起的。局部放电会产生大量的热量,使硅橡胶分子主链分解,且电子对于分子链的撞击作也会用会导致分子链裂解,电树枝通道内充满由此产生的气体。这些气体产生的高气压会使电树枝通道发生膨胀变形,并在树枝通道的前端或其他位置产生新的微孔,随着电荷向微孔持续注入,微孔内再次由电荷的积聚引发局部放电,并产生高温高气压对该微孔进行破坏,而形成新微孔。

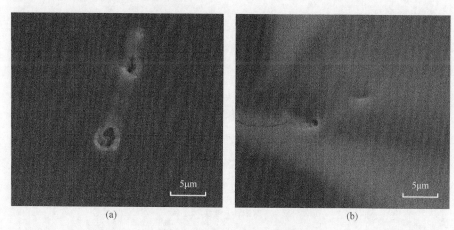

图 9-7　电树枝通道的 SEM 照片

在上述过程中,首先,高气压的作用力导致硅橡胶材料破裂,形成微孔。此时微孔的形成是物理过程,并未发生分子链的化学分解,微孔内无固体颗粒形成。如果此时减小外施电压使通道内局部放电停止,则通道内温度降低,从而使气压降低。硅橡胶基体的收缩应力,导致新生成的微孔恢复,但当再次加压时,物理破坏形成的微孔再次被打开,并在其内部发生局部放电,导致硅橡胶分子主链分解,产生固体颗粒及挥发性气体,形成稳定的中空管状结构。这一新生成电树枝的生长过程如图 9-8 所示。

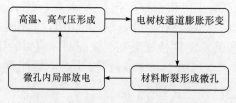

图 9-8　新生成电树枝的生长过程

同时发现,新生成的电树枝在形态上并不是连续的通道结构,而是由多个球形通道串联而成的,形成珍珠串结构,如图 9-9(a)所示。这是由于局部放电时部分电荷会沿着电树枝通道进入高气压形成微孔的最前端并在此积聚,微孔前端的针尖状结构导致此处的电场分布极不均匀,极易产生局部放电和局部高温,加剧对周围分子链的裂解作用,形成大量微小的固体颗粒,使得部分通道直径变大。此后通道内局部放电产生的高气压会形成新的微孔并在微孔的前端导致下一个珍珠结构形成。多次这样的过程会形成明显的珍珠串结构,破坏较为轻微的通道即构成了珍珠串结构中的连线。

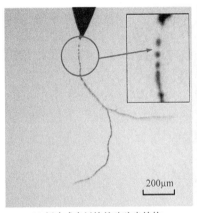 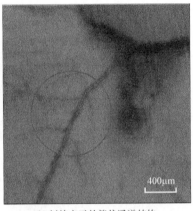

(a) 新生成电树枝的珍珠串结构　　　　　(b) 树枝主干的管状通道结构

图 9-9　不同电树枝通道结构

新生成的电树枝都会经过珍珠串结构阶段,但随着电树枝的持续增长,这些细小的新分枝会逐渐变粗,最终形成枝状、松枝状电树枝等结构的主干[图 9-9(b)]。这些主干的形态与新生成的电树枝具有以下区别:①通道直径尺寸不同,主干的电树枝通道为 $10\sim30\mu m$,新生成电树枝通道直径一般小于 $3\mu m$,两者相差一个数量级;②通道结构区别,主干为连续的管状结构,且其通道内径无明显区别,而新生成电树枝结构为珍珠串结构,形态上并不连续。两者存在区别的原因是电树枝通道内持续发生的局部放电,尤其是靠近针尖位置的电树枝主干受针尖位置局部放电的影响较大,由局部放电产生的高温会使附近的通道内壁硅橡胶分子主链加速裂解,产生大量挥发性气体及颗粒,使这些通道成为由固体颗粒支撑的稳定结构,而远离针尖位置的电树枝通道内固体颗粒较少且分布不均,形成稳定的通道与不稳定的微孔交替结构。

## 9.3　硅橡胶电树枝自愈现象分析

### 9.3.1　电树枝自愈现象

本节分析热循环下硅橡胶电树枝的自愈现象。

电树枝形态随着冷热循环次数的增加而变化，图 9-10 为枝状电树枝的自愈过程。由图 9-10(a)与(b)可知，循环 20 次之后，电树枝 1 与电树枝 2 内部分通道消失，通道数量明显减少，且电树枝长度减小，部分通道透光性增加，在光照下为透明色而与之前的黑色明显不同。由图 9-10(c)可知，击穿电树枝通道无自愈现象，但是击穿通道周边的微小树枝结构快速消失。两对比组内电树枝的试样在 40h 内并未发生明显的电树枝自愈现象，电树枝形态并未发生变化。

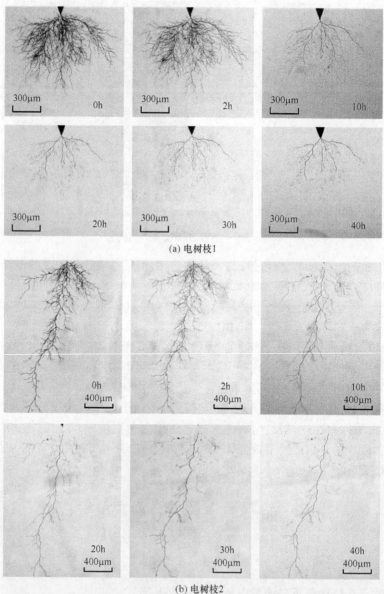

(a) 电树枝1

(b) 电树枝2

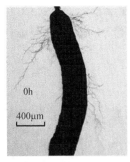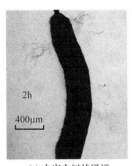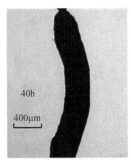

(c) 击穿电树枝通道

图 9-10　枝状电树枝的自愈过程

为统计电树枝自愈速度,统计了电树枝 1 与 2 的累积损伤及分形维数随时间的变化趋势。如图 9-11 所示,两电树枝的累积损伤与分形维数随时间延长持续减小,20 个循环后,累积损伤降至原值的 20% 以下,这说明电树枝的直接破坏区域减小;分形维数的减小说明电树枝在材料内的分布变得更加简单,这也是由电树枝通道的减少造成的。在实验温度内,硅橡胶分子链会经过两个不同的过程——结晶和结晶熔融。当温度降至 $T_c$ 时,硅橡胶分子结晶速率较高,大量的分子链进入结晶状态,分子链整齐有序地排列成规则的形状,当温度逐渐升高至 $T_m$ 时,结晶部分开始熔融,恢复为无序状态。这一结晶与熔融过程会导致大量分子链段运动,且随着温度的进一步升高分子链段的运动进一步加剧,这些运动的分子直接影响电树枝通道的状态,且在电树枝通道内,由于局部放电的破坏作用,大量分子分解,产生大量的微小固体颗粒,这些固体颗粒将作为杂质存在于硅橡胶内。在分子结晶过程中,这些颗粒将会充当晶核的作用,促进硅橡胶分子的异相成核过程,其自身在结晶及熔融过程中也可能由于分子链之间的作用力而发生位移,致使电树枝通道内的颗粒物减少。此后,随着温度升至 80℃,硅橡胶分子运动单元动能增加,并可能克服位垒进入活化状态,这些运动单元的运动会使无固体颗粒阻碍的电树枝通道减小,并且由于分子间作用力的影响,电树枝通道不同侧的分子链段可能相互交错并形成连续的结构,此时电树枝通道被硅橡胶分子链段填充,导致显微镜下无法观测到此通道。而在电树枝 1 中,最低温度仍高于 $T_c$,试样内分子无结晶现象发生,单纯的分子热运动无法使通道内固体颗粒发生位移,因此树枝通道在实验过程中无法减小;电树枝 2 内分子链段吸热而动能升高,但同样无法使电树枝通道内的固体颗粒发生位移,因此未出现明显的愈合现象。

除利用温度差异促进电树枝自愈之外,选取常温下存放 400d 的电树枝试样,观察电树枝形态的变化。结果表明,电树枝在室温条件下也有愈合的趋势,愈合结果如图 9-12 所示。由图可知,在自然愈合的状态下,电树枝累积损伤由 13700pixels 下降至 4500pixels,但速度明显小于愈合实验下的愈合速度。

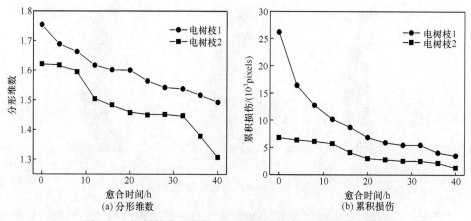

图 9-11　电树枝分形维数及累积损伤随愈合时间的变化趋势

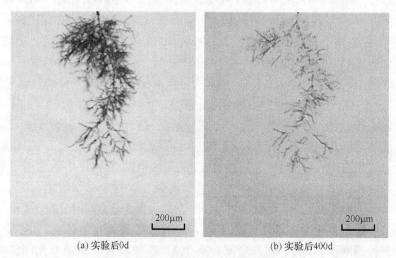

图 9-12　电树枝在常温下的自然愈合现象

### 9.3.2　电树枝绝缘性能愈合分析

电树枝在形态上的愈合较为明显,但是其绝缘性能的愈合情况仍有待进一步分析。二次施加电压的方法证明,愈合后的电树枝区域仍具有较高的绝缘性能。

二次加压实验时施加电压的频率幅值与之前电树枝起始条件相同,实验结果如图 9-13 所示。二次施加相同电压时,树枝通道并未沿原有通道路径生长,新生成电树枝结构与之前电树枝形态有较大差别,但实验中发现未愈合的主干部分在二次加压的起始阶段即开始生长。图 9-13(c)与(d)圈内部分电树枝区域,在整个加压过程中没有电树枝生成,说明恢复后的区域具有较高的耐电树枝性能,并未导致明显的绝缘性能下降。

(a) 愈合前　　　　　　　　　　　　(b) 愈合40h后

(c) 二次加压10min　　　　　　　　(d) 二次加压30min

图 9-13　电树枝愈合实验后的二次加压

对于常温下的电树枝自然愈合现象,同样进行了二次加压实验,实验结果如图 9-14 所示。由图可知,与愈合实验后的电树枝不同,自然愈合电树枝在二次加压之后,电树枝生长较快,在较短时间(10min)内迅速覆盖原有电树枝区域并在原有电树枝基础上生长至新的形态。

综上所述,说明在自然状态下,恢复后的电树枝区域并未恢复其绝缘性能,电树枝通道在二次加压之后会迅速将原有树枝通道打开并在此基础上生长。这可能与常温下硅橡胶分子链运动有关,此时分子链一直处在非结晶状态,通道内的固体颗粒不会由于链段的运动而发生位移,因此电树枝的管状通道并未消失,但通道内气压的降低而导致电树枝的通道在形态上表现为非连续的通道,当再次施加电压并在通道内发生局部放电时,整个电树枝通道内会迅速充满由局部放电产生的气体,原有电树枝通道会被迅速打开。

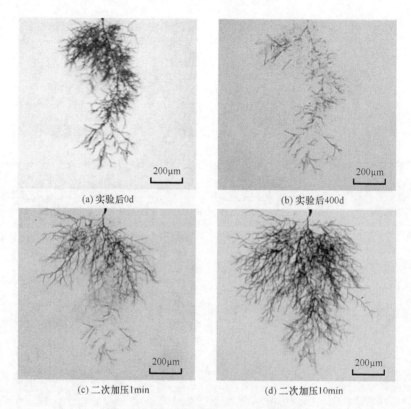

(a) 实验后0d

(b) 实验后400d

(c) 二次加压1min

(d) 二次加压10min

图 9-14　电树枝自然愈合后的二次加压

# 参 考 文 献

[1] 柯扬船. 聚合物纳米复合材料[M]. 北京：科学出版社，2009.

[2] Tanaka T, Matsunawa A, Ohki Y, et al. Treeing phenomena in epoxy/alumina nanocomposite and interpretation by a multi-core model[J]. IEEJ Transactions on Fundamentals and Materials, 2006, 126(11): 1128-1135.

[3] Tanaka T, Kozako M, Fuse N, et al. Proposal of a multi-core model for polymer nanocomposite[J]. IEEE Transactions on Dielectrics and Electrical Insulation, 2005, 12(4): 669-681.

[4] Danikas M, Tanaka T. Nanocomposites—A review of electrical treeing and breakdown[J]. IEEE Electrical Insulation Magazine, 2009, 25(4): 19-25.

[5] Venkatesulu B, Thomas M J. Corona aging studies on silicone rubber nanocomposites[J]. IEEE Transactions on Electrical Insulation, 2010, 17(2): 625-634.

[6] Amekura H, Umeda N, Okubo N, et al. Ion-induced frequency shift of ~1100cm$^{-1}$ IR vibration in implanted $SiO_2$: Compaction versus bond-breaking[J]//Nuclear Instruments and Methods in Physics Research B, 2003, 206: 1101-1105.

[7] 彭娅. 纳米碳酸钙填充室温硫化硅橡胶性能及其补强机理的研究[D]. 成都:四川大学,2004.

[8] 周远翔,张旭,刘睿. 硅橡胶电树枝通道微观形貌研究[J]. 高电压技术,2014,40(1):9-15.

[9] Du B X,Ma Z L,Gao Y. Effect of temperature on electrical tree in silicone rubber[C]//International Conference on Solid Dielectrics,Potsdam,2010.